Sora革命

重塑人工智能

林富荣　编著

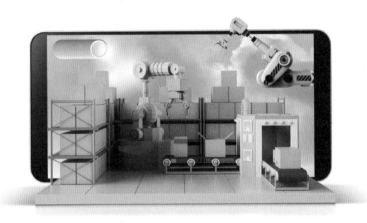

电子工业出版社.

Publishing House of Electronics Industry

北京·BEIJING

内 容 简 介

Sora是一个文本生成视频工具，本书介绍了Sora在视频生成领域的巨大潜力。本书共9章，系统讲解人工智能的演进、Sora的应用实践、Sora深度解析、Sora的挑战与未来等。

本书内容全面、图文并茂、通俗易懂，适合想要学习Sora的初学者，以及想要学习文本生成文本、文本生成图片、文本生成视频等内容的人工智能爱好者、自媒体从业人员、短视频制作者、设计师、相关专业的企业和高校人员阅读。

图书在版编目（CIP）数据

Sora 革命 ：重塑人工智能 / 林富荣编著 . -- 北京 ：电子工业出版社，2025. 1. -- ISBN 978-7-121-49214-3

Ⅰ．TP18

中国国家版本馆 CIP 数据核字第 2024CY5895 号

责任编辑：白雪纯　　文字编辑：纪　林
印　　刷：北京市大天乐投资管理有限公司
装　　订：北京市大天乐投资管理有限公司
出版发行：电子工业出版社
　　　　　北京市海淀区万寿路 173 信箱　　邮编：100036
开　　本：710×1 000　1/16　　印张：9.25　　字数：177.6千字
版　　次：2025 年 1 月第 1 版
印　　次：2025 年 1 月第 1 次印刷
定　　价：56.00元

凡所购买电子工业出版社图书有缺损问题，请向购书店调换。若书店售缺，请与本社发行部联系，联系及邮购电话：（010）88254888，88258888。

质量投诉请发邮件至 zlts@phei.com.cn，盗版侵权举报请发邮件至 dbqq@phei.com.cn。

本书咨询联系方式：（010）88254590。

FOREWORD

前 言

开发 Sora 的团队核心成员只有 13 人，他们均来自顶尖大学的计算机科学专业。该团队希望创建一个能理解和响应人类自然语言的智能系统，利用多模态语言模型提高人工智能系统的交互性和智能化程度。该团队的目标不仅是使机器能理解和生成语言，还希望机器能理解和生成各种形式的媒体内容，如对话、图形、图像、视频、音频等，从而实现真正的多模态交互。

本书共分为四部分。

第一部分详细介绍通信技术的演进，以及文字生成、图像生成、视频生成、多模态大模型、语音生成等技术，并深度剖析 Sora 的视频案例，展示 Sora 广泛的应用范围及在视频生成中的优势和效果。

第二部分深入探讨 Sora 在娱乐与影视制作、教育与培训、游戏与虚拟现实、医疗与健康等多个行业的潜力，展示其商业价值和社会价值，并对案例进行详细解析。

第三部分详细讲解 Sora 在生成视频时用到的各种技术。

第四部分首先介绍 Sora 面临的技术挑战，客观分析了 Sora 在物理交互模式、对象状态变化的准确性、长视频连贯性、算力、能源等方面面临的挑战。这些挑战是 Sora 未来发展的关键，需要得到充分的重视。接着从伦理、法律与社会影响方面介绍 Sora 可能面临的挑战。最后从技术创新、跨领域合作与产业融合等方向，为 Sora 的未来发展提供了思路和建议，并介绍 Sora 未来发展战略规划。

本书内容丰富、结构清晰、逻辑严密，既包含 Sora 的应用实践和挑战，也涉及其技术基础和未来发展方向，对读者有一定的参考价值和指导意义。

在本书的写作过程中，我遇到了一些挑战，可能会导致书中有一些不足，希望读者批评指正。同时感谢电子工业出版社的白雪纯编辑和相关工作人员的支持。

林富荣

2024 年 6 月

CATALOGUE

目 录

01

人工智能的演进　　　　　　　　　　　01

目 录

02

Sora 的应用实践　　　　　　　　　　49

03

04

目 录

PART ONE

01

人工智能的演进

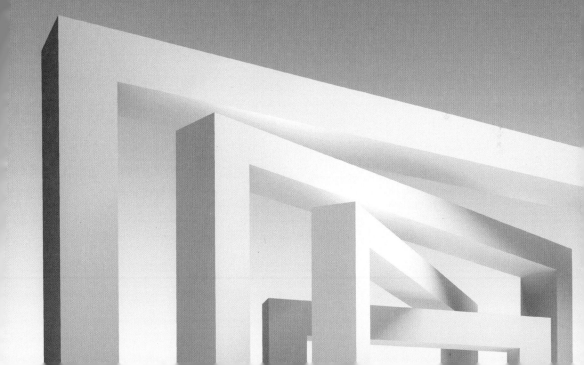

第一章
通信技术的演进

1.1　固定电话

1877 年 10 月 16 日，在贝尔发明电话的第二年，中国人郭嵩焘任驻英公使，有幸成为第一个使用电话的中国人。他在日记中详细记录了自己首次使用电话的经历，表现出对这一新兴通信工具的好奇与兴趣。

中国人第一次在国内用上电话也是 1877 年，这一年对中国的通信历史来说是一个重要的年份，这一年出现了里程碑事件。这个里程碑事件是在李鸿章创办的上海轮船招商局实现的。此时的电话线虽然只有一千米左右，但它标志着中国通信技术的重大进步。这一事件不仅展示了中国对于新兴科技的积极接纳态度，也为中国后续的通信发展奠定了坚实的基础。自此，电话逐渐在中国普及使用，成为人们生活中不可或缺的一部分。

1889 年，安徽的彭名保在电报业务的基础上，设计制造出了中国第一部电话，并将其命名为"传声器"，这显示出当时的中国在电话技术方面已经有了初步探索和创新能力，也为后来的电话发展奠定了基础。

1903 年，天津电话总局的成立标志着电话在天津地区正式投入使用，为市民提供了更加便捷和高效的通信方式。

1904 年，北京官办电话局成立，进一步推动了电话在中国的普及和发展。

目前，电话与人工智能的结合为通信领域带来了革命性变化。电话机器人等人工智能应用的出现使电话服务变得更加智能化和高效化。电话机器人能自动识别语音、理解用户需求，并提供相应的服务。电话机器人可以 24 小时不间断工作，大大提高了电话服务的效率和质量。

另外，人工智能还为电话通信的安全和隐私保护提供了有力支持。使用机器学习和数据分析等技术可以识别并拦截恶意电话和诈骗电话，保护用户的合法权益。

1.2 传呼机

传呼机也称作 BP 机、BB 机等，于 1950 年由格罗斯所发明，并率先在纽约市的医生中试用。随着传呼机通信技术的不断成熟，传呼通信业务开始在全球范围内流行。

在中国，传呼机于 20 世纪 80 年代初开始进入人们的视野。1983 年，上海开通了中国第一家寻呼台，随后传呼机在中国得到了快速发展。传呼机的出现大大提高了信息的沟通效率，缩短了人们的沟通成本，提高了人们的生活、工作效率。

传呼机是一种介于固定电话和移动电话之间的通信工具，外观小巧玲珑，比火柴盒大一些，便于随身携带。传呼机通过电话单向寻呼，不能即时双向互动。传呼机实物图如图 1-1 所示。

图 1-1 传呼机实物图

1998 年之后，寻呼机逐渐退出历史舞台。2007 年，中国联通申请停止经营多个省份的无线传呼服务，这标志着传呼机在国内正式结束运营。传呼机时代虽然已经过去，但作为通信技术发展的一个重要阶段，传呼机对人们的通信方式产生了深远影响，也为后来的移动通信技术的发展奠定了基础。传呼机为现在的人工智能系统提供了强大的通信技术。

1.3 计算机

世界上第一台通用计算机 ENIAC 于 1946 年诞生，由莫克利和艾克特发明。冯·诺依曼提出了将程序和数据存储在计算机内部的想法，从而可以更灵活和高效地执行任务。

20 世纪 50 年代，计算机技术逐渐成熟并广泛应用于各个领域，推动了信息技术、通信技术、自动化技术等领域的快速发展，这改变了人们的生产、生活和思维方式。

计算机技术的发展经历了多个阶段。从第一代电子管计算机（1946—1958 年）到第二代晶体管计算机（1958—1964 年），再到第三代中小规模集成电路计算机（1964—1970 年），直到第四代大规模和超大规模集成电路计算机（1970 年至今），计算机的性能和稳定性不断提高，体积和能耗逐渐减小，工艺不断提高。计算机的发展历程如图 1-2 所示。

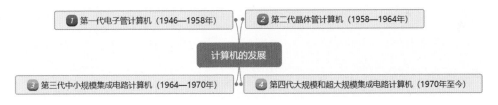

图 1-2 计算机的发展历程

计算机的应用领域也不断扩大。从最初的军事和科学计算领域，到后来的商业、教育、娱乐等各个领域，计算机都发挥着不可替代的作用。电子商务、电子政务、在线教育、智能家居等新兴技术的出现，进一步推动了计算机技术的发展。

计算机时代的到来也带来了一些新的问题和挑战，如信息安全、数据隐私、计算机病毒、数据安全等。不过这些问题可以通过杀毒软件、数据备份等方式进行解决。

总而言之，计算机时代是一个充满创新和变革的时代，极大地推动了人类社会的进步和发展。计算机和人工智能之间存在紧密的联系。计算机是实现人工智能的重要工具，人工智能代表了计算机技术的高级应用和发展方向。计算机和人工智能相互依存、相互促进，不断共同推动科技进步和社会发展，为人类提供更多便利。

1.4 网络应用

在网络时代，调制解调器、2G 网络、3G 网络、4G 网络和 5G 网络都是通信技术的产物，具有独特的特点和优势。

调制解调器是一种网络设备，用于实现模拟信号与数字信号之间的转换。在计算机网络中，调制解调器扮演着桥梁的角色，使数字设备能通过电话线或其他模拟通信线路进行数据传输。通过使用调制解调器，用户在家里也可以使用计算机拨号上网或使用座机打电话。

2G 网络主要采用 GSM（全球移动通信系统）、CDMA（码分多址）技术、数字信号技术进行数据传输。2G 网络的出现标志着移动通信技术从模拟时代进入数字时代。2G 网络的主要特点包括数字化、高速数据传输、提供基本的多媒体服务，如提供短信、彩信、语音通话、无线上网等服务。然而，随着技术的不断发展，2G 网络在速度、容量、收费、覆盖范围等方面有所限制，在现代通信的需求面前显得力不从心。

3G 网络主要提升了传输数据的速度，能快速处理图像、音乐、视频等内容，可提供电子商务、视频通话等多种信息服务。

4G 网络兼容性更好、灵活性更强。与 3G 网络相比，4G 网络提升了网络速度和容量，能满足用户流畅地观看高清视频、玩大型游戏等高带宽应用的需求。

5G 网络在 4G 网络的基础上进一步提升了网络速度，用户的使用体验有了较大改善，在支持 VR、超高清业务时不受网络速度的限制，能支持更多设备连接和更复杂的应用场景。此外，5G 网络支持更加丰富的业务和更复杂的场景。

从调制解调器、2G 网络、3G 网络、4G 网络到 5G 网络，每一代通信技术的发展都为人们的生活带来了更便捷、丰富的通信体验。 随着技术的不断进步，我们期待着未来通信技术的发展为我们带来更多便利和可能性。

随着通信技术的不断发展，越来越多的互联网平台也发展起来了。BAT 通常是指中国互联网行业的三大企业：百度、阿里巴巴、腾讯。2018 年，抖音成为了最热门的应用之一，带领字节跳动成为互联网行业的又一大企业。百度、阿里巴巴、腾讯、字节跳动这四家互联网公司在中国互联网市场上占据着重要的地位，并对中国的经济、社会和文化的发展产生了深远影响。四家互联网公司如图 1-3 所示。

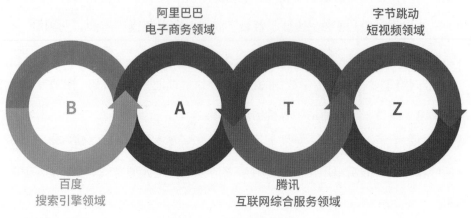

图 1-3　四家互联网公司

1.5　手机

　　一开始，2G 手机主要作为移动通信工具，只提供基本的通话功能。随着技术的不断进步，2G 手机逐渐增加了短信息、彩色图片信息等多媒体服务，并在后续发展中融入了拍照、音乐播放等功能。2G 手机如图 1-4 所示。

随着进入智能手机时代，手机的功能和性能得到了极大提升。4G 网络时代的智能手机支持多种数据传输方式，如 Wi-Fi、蓝牙等传输方式，使数据共享和互联网接入变得更加便捷。4G 手机如图 1-5 所示。

图 1-4　2G 手机　　　　　图 1-5　4G 手机

智能手机的普及与发展得益于网络速度的迅猛发展。随着网络技术的不断进步，移动网络的速度和稳定性得到了显著提升，为智能手机的应用提供了强有力的支持，程序员不断开发出即时沟通工具、电商购物工具、娱乐工具、学习工具等。现在，智能手机不仅是通信工具，而且是人们日常生活中不可或缺的一部分，无论是社交娱乐、购物支付还是工作学习，智能手机都发挥着越来越重要的作用。

未来，随着人工智能的不断发展，智能手机将进一步拥抱人工智能时代，为用户提供更加智能化、个性化的服务。

第二章
人工智能时代

2.1 文字生成: ChatGPT

2018 年，ChatGPT 由 OpenAI 发布，是一个基于人工智能的自然语言处理模型，可以根据输入的文本内容生成相应的文本输出。ChatGPT 能进行对话和问答，可以通过学习人类的语言表达方式，理解和生成复杂的自然语言，从而与用户进行高质量的对话。

通过深度学习算法，ChatGPT 学习了自然语言的语法、词汇和语义信息，并在使用时将用户的输入转换为向量表示，通过预训练的模型进行分析和处理，根据输入内容生成自然语言的响应。ChatGPT 通过理解和学习大量的文本数据，掌握了丰富的语言知识和上下文理解能力，这使 ChatGPT 能根据用户的输入生成连贯的、有意义的文本回复。无论是简单的问答、对话，还是复杂的文本创作，ChatGPT 都能展现出色的文本生成能力。ChatGPT 语言模型常用于文本生成、机器翻译、语音识别等任务。

除了 ChatGPT，常见的自然语言处理模型还有如下几种。

文心一言： 百度依托文心大模型推出的 AI 对话互动工具，能自动生成标题、段落和摘要。

Bard： 谷歌发布的一款生成式 AI，基于谷歌的 LaMDA 模型，能帮助人们提高工作效率。

ChatSonic： AI 聊天机器人，可以理解语音命令并生成内容，整合了多种 AI 工具的接口，提供了丰富的服务。

Wiseone： Chrome 的扩展组件，提供了丰富的在线阅读体验，如简化信息、总结文章、提取文章的主要事实和主题等。

Claude： 由 Anthropic 公司开发的一款 AI 助手产品，能顺畅地进行中英文交流，并且帮助用户回答问题。

2.2 图像生成: DALL·E

2021 年 1 月，OpenAI 首次推出 DALL·E，这标志着 AI 在图像生成领域迈出了重要的一步。DALL·E 是一个可以根据书面文字生成图像的人工智能模型。

仅仅过了一年多的时间，2022 年 4 月，OpenAI 又发布了 DALL·E 的升级版本——DALL·E 2。相较于原始版本，DALL·E 2 在图像生成的精度、速度、创新性等方面都有显著提升，为用户带来了更加出色的体验。

2023 年 9 月，OpenAI 发布一个文字生成模型 DALL·E 3。DALL·E 3 与上一代模型 DALL·E 2 最大的区别在于 DALL·E 3 可以先利用 ChatGPT 生成提示词，然后再根据提示词生成图像。对于不擅长编写提示词的用户来说，DALL·E 3 能更有效地生成提示词，从而提高提示词生成图片的效率。此外，DALL·E 3 比 DALL·E 2 生成图像的效果更好。

下面举一个例子。提示词为"生成一幅富有表现力的油画，将巧克力曲奇蘸在一杯牛奶中"。DALL·E 2 的生成效果图如图 2-1 所示，DALL·E 3 的生成效果图如图 2-2 所示。由此可见，DALL·E 3 生成图像的效果更加富有表现力。

图 2-1　DALL·E 2 的生成效果图　　　图 2-2　DALL·E 3 的生成效果图

2.3　视频生成: Sora

　　传统的视频通常是通过拍摄、剪辑和后期制作来生成的。通常，拍摄视频时至少需要两个人，拍摄者手持设备拍摄，被拍摄者作为镜头前的主角进行展示。

　　拍摄者使用专业的摄像设备录制原始素材，再使用视频编辑软件剪辑和拼接这些原始素材，并添加音效、字幕、特效等。这种方法需要专业的技能、设备和大量时间。

　　从设备资金上来看，视频处理需要中等配置的计算机、无反相机、无反相机镜头、灯具、稳定器支架、录音设备等，需要投入数万元。

从技术上来看，拍摄者需要学习使用视频编辑软件剪辑、拼接原始素材，并为原始素材添加音效、字幕、特效等。此外，拍摄视频也需要技术和方法，如何使用运镜，在什么场景使用运镜才会拍摄得更加完美，每一次运镜需要多少时间……若拍摄的视频效果不佳，那么在后期制作时，需要耗费大量时间处理视频的细节。

随着人工智能和机器学习技术的发展，视频的生成正经历着一场革命性变革。 2024 年 2 月，OpenAI 推出了一款能根据文字指令实时生成短视频的模型——Sora。Sora 可以根据用户的文本提示词生成长达 60 秒的视频，深度模拟真实物理世界，能生成具有多个角色、包含特定运动的复杂场景。Sora 的诞生标志着 AI 理解真实世界场景并与场景互动的能力得到了提升。

Sora 刚推出不久，出现了很多不完善的地方。例如，提示词为"人在跑步机上跑步"，Sora 生成的视频中，人竟然站反了方向。Sora 生成的跑步视频效果图如图 2-3 所示。

图 2-3　Sora 生成的跑步视频效果图

2.4 多模态大模型: GPT-4o

2.4.1 GPT-4o 是什么

2024 年 5 月, OpenAI 举行春季发布会, 发布了多项与 ChatGPT 相关的更新, 其中包括发布 GPT-4o。GPT-4o 支持文本、音频和图像的任意组合输入, 并能生成文本、音频和图像的任意组合输出。GPT-4o 可以在 232 毫秒的时间内响应音频输入, 与人类的响应时间相似。与现有模型相比, GPT-4o 在视觉和音频理解方面更加出色。

GPT-4o 可以检测到人的情绪。OpenAI 的工作人员测试 GPT-4o 的过程如图 2-4 所示。在演示过程中, OpenAI 的工作人员将手机正对自己的脸, 并且要求 GPT-4o 告诉他自己长什么样子。

图 2-4 测试 GPT-4o 的过程

在第一次尝试时，GPT-4o 参考了工作人员以前分享过的一张照片。在第二次尝试时，GPT-4o 给出了更好的答案。GPT-4o 注意到了工作人员脸上的笑容，GPT-4o 对工作人员说："你看起来非常快乐。"这说明 GPT-4o 可以读取人类的情绪，但读取还不够完善，还是有缺陷的。

在语音模式下，GPT-4o 能达到实时响应状态，允许用户像与真人对话一样与 ChatGPT 交流，用户可以在回应过程中打断 GPT-4o，并提出新要求。GPT-4o 的官网页面如图 2-5 所示。

图 2-5　GPT-4o 的官网页面

非付费用户可以使用 GPT-4o，此前用户只能使用 GPT-3.5。非付费用户可以使用 GPT-4o 进行数据分析、图像分析、互联网搜索、访问应用商店等操作。

2.4.2 GPT-4o 的效果评估

GPT-4o 在文本、推理和编码智能方面实现了 GPT-4 Turbo 级别的性能，同时在多语言、音频和视觉功能上的性能显著提升。下面介绍 OpenAI 对 GPT-4o 的评估结果。

① **文本评估**

GPT-4o 文本评估对比图如图 2-6 所示。

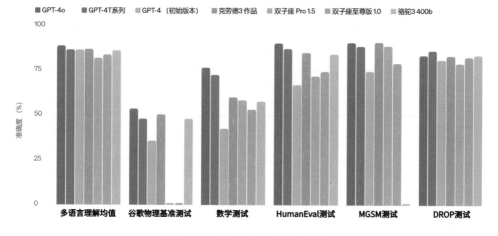

图 2-6　GPT-4o 文本评估对比图

② **音频翻译性能评估**

GPT-4o 在语音翻译方面代表了世界先进水平。音频翻译性能评估对比图如图 2-7 所示。

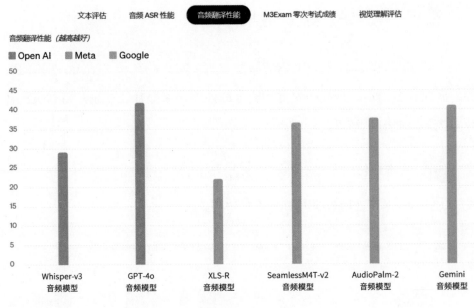

图 2-7　音频翻译性能评估对比图

③ M3Exam 评估

M3Exam 评估是一个利用人类考题构建的多语言、多模态、多级别的测试基准，涵盖上万道题目，由多项选择题组成，有时也会包括图形和图表。在 M3Exam 评估中，GPT-4o 比 GPT-4 的能力更强。

④ 视觉理解评估

目前，GPT-4o 在视觉理解方面拥有最先进的性能。视觉理解评估对比图如图 2-8 所示。

文本评估	音频 ASR 性能	音频翻译性能	M3Exam 零次考试成绩	视觉理解评估

评估模型名称 (%)	GPT-4o	GPT-4T 2024-04-09	Gemini 1.0 Ultra	Gemini 1.5 Pro	Claude Opus
MMMU评估	69.1	63.1	59.4	58.5	59.4
MathVista评估	63.8	58.1	53.0	52.1	50.5
AI2D评估	94.2	89.4	79.5	80.3	88.1
ChartQA评估	85.7	78.1	80.8	81.3	80.8
DocVQA评估	92.8	87.2	90.9	86.5	89.3
ActivityNet评估	61.9	59.5	52.2	56.7	
EgoSchema评估	72.2	63.9	61.5	63.2	

图 2-8 视觉理解评估对比图

2.4.3 GPT-4o 案例

在 GPT-4o 中输入一段话"一个戴着棒球帽的友好机器人，以直立的姿势面对镜头，它脸上挂着笑容。"，GPT-4o 会输出一张图片，GPT-4o 生成的机器人如图 2-9 所示。

下面再举一个例子。在 GPT-4o 中输入一段话"机器人举起一只胳膊在空中跳跃，正要接住向他飞来的飞盘。"，GPT-4o 会输出一张图片，机器人接飞盘图如图 2-10 所示。

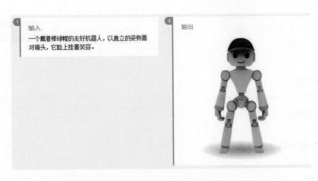

图 2-9　GPT-4o 生成的机器人

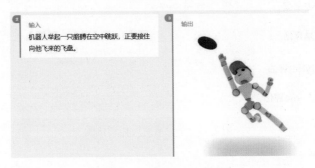

图 2-10　机器人接飞盘图

2.5　语音生成: ChatTTS

ChatTTS 是一种专为对话场景设计的语音生成模型,用于处理大语言模型(LLM)助手的对话任务。ChatTTS 支持中文和英文,通过使用上万小时的中英文数据进行训练,ChatTTS 在语音合成方面表现较好。

在 ChatTTS 中输入文本，并单击"生成"按钮，即可生成一段语音。ChatTTS 语音生成界面如图 2-11 所示。

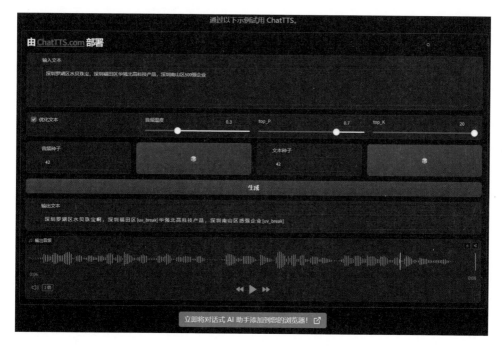

图 2-11　ChatTTS 语音生成界面

ChatTTS 的主要功能包括以下几点。

 多语言支持

ChatTTS 支持多种语言，包括英语和中文，这使 ChatTTS 能为广泛的用户提供服务。

② **大量数据训练**

ChatTTS 使用大量的数据进行训练，这种训练提高了声音合成的质量。

③ **对话框任务兼容性**

ChatTTS 适合处理大语言模型的对话任务，可以生成对话响应，并在集成各种应用程序和服务时可提供更自然、流畅的交互体验。

④ **开源计划**

ChatTTS 的项目团队计划开源一个经过训练的基础模型，社区中的学术研究人员和开发人员可根据该模型进一步研究和开发 ChatTTS。

⑤ **易用性**

ChatTTS 为用户提供易于使用的体验。用户只需要输入文本信息，就可以生成相应的语音文件，这种简单的使用方法便于有语音合成需求的用户操作。

⑥ **对话功能**

ChatTTS 支持文字转语音功能、大语言模型实时语音对话功能。

第三章
Sora 视频案例

3.1 高清视频融合技术

高清视频融合技术是指将两个或多个高清视频无缝连接在一起，提供统一、连贯的视觉体验。这种融合技术在多个领域都有广泛应用，如电影制作、电视广播、虚拟现实、增强现实、监控与安全、虚拟游戏等。

高清视频融合技术的关键在于确保不同视频之间的平滑过渡和无缝衔接。为了实现这一目标，需要使用专业的视频编辑和融合软件，这些软件通常具

Sora革命 ▓重塑人工智能

有强大的视频处理能力和丰富的特效。我们可以使用高清视频融合技术训练Sora，使 Sora 生成的视频质量更高。

在高清视频的融合过程中，需要注意以下几点。

视频分辨率和格式

确保所有融合的视频具有相同的分辨率和格式。例如，一个视频的分辨率为 1280×720 像素，另一个视频的分辨率为 1920×1080 像素，为了顺利使用高清视频融合技术对这两个视频进行操作，需要将较高分辨率的视频调整至较低分辨率，也就是需要将 1920×1080 像素的视频调整为 1280×720像素。

色彩和亮度校正

在进行视频融合时，需要提前对视频进行色彩和亮度校正，以确保视频在融合后具有统一的视觉效果。如图 3-1 所示，这是在某段视频结尾截取的图片，可以看出图片色彩偏浅。如图 3-2 所示，这是在某段视频开头时截取的图片，图片色彩偏深。我们在将这两段视频组合在一起时，由于色彩不协调，会导致视觉效果欠佳，此时最好进行色彩和亮度校正。

图 3-1　图片色彩偏浅

图 3-2　图片色彩偏深

过渡效果

选择合适的过渡效果，以便流畅地连接不同视频。过渡效果包括淡入、淡出、溶解、滑动、转动、放大、缩小等。例如，图 3-3 展示了一个女人的全身视频截图，图 3-4 展示了该女人的头部特写，Sora 对这个视频进行了放大等过渡效果，将女人的全身视频直接放大到头部特写。

图 3-3　女人的全身视频截图

图 3-4　头部特写

高清视频融合技术的应用非常广泛。在电影制作领域，高清视频融合技术可以发挥巨大作用，帮助用户创建复杂而精彩的特效和场景；在电视广播行业，高清视频融合技术能轻松实现多画面显示和画中画效果，提升观众的观看体验；在虚拟现实与增强现实领域，高清视频融合技术能创造出更为逼真且沉浸式的体验；在监控与安全领域，高清视频融合技术能实现多摄像头监控画面的无缝拼接与展示，为安全监控提供强有力的支持。

随着技术的不断发展，高清视频融合技术也在不断进步。未来，我们期待更加高效、精准和智能的视频融合解决方案，为各个领域带来更多创新和可能性。

小知识

视频的详细信息

如图3-5所示，视频的详细信息包括时长、帧宽度、帧高度、数据速率、总比特率、帧速率。

其中，数据速率通常是指视频在单位时间内传输或处理的数据量，也就是视频的比特率，它表示每秒传送的比特数。数据速率越高，每秒传送的数据越多，画质越清晰。总比特率包括视频和音频两部分的比特率，也就是视频流和音频流等其他流在单位时间内的数据量。总比特率是一个综合指标，在一定程度上可以反映视频流的综合质量。

图 3-5　视频的详细信息

3.2　多角度、多镜头生成

多角度、多镜头生成是指利用计算机视觉、图像处理、深度学习等现代技术，生成或模拟不同角度或镜头下的视频或图像，从而创建出更丰富、多样化和真实的视觉体验，观众能从不同视角观察和理解场景或对象。使用 Sora 生成长视频时，需要用到多角度、多镜头生成的相关技术。

多角度、多镜头生成可以根据需求调整拍摄角度、焦距、运动镜头等参数，以模拟出不同摄像机或镜头的拍摄效果。例如，可以生成俯视、仰视、侧视等不同角度的视图，或者模拟推镜头、拉镜头、摇镜头等不同的镜头运动方式。

多角度、多镜头生成在影视制作、视频制作中是非常重要的技术，它可以通过不同的拍摄角度和镜头组合来丰富画面内容，帮助制作人员创造出更为逼真的场景和角色，提高观众的观影体验。无论是拍电影还是短视频，或是游戏开发、虚拟现实、增强现实都离不开多角度、多镜头生成。在现实生活中，多角度、多镜头生成的相关技术为监控和安全领域提供更为全面和准确的视觉信息，从而提高监控系统的效率和准确性。

下面介绍多角度、多镜头生成的主要功能。

多机位拍摄

拍摄现场一般会布置多个摄像机，这些摄像机从不同的角度或距离捕捉同一场景。在后期剪辑阶段，我们可以根据创作需求灵活切换不同的机位，从而生成多角度的视频片段。我们可以将这些多角度的视频片段巧妙组合成一段连贯的影像，并配上音频，以呈现出最完美的视听效果。值得一提的是，目前Sora 已经可以生成长度为一分钟的多角度视频。

运动镜头

通过运用滑轨、摇臂、稳定器等专业设备，我们能引导摄像机在拍摄过程中进行移动和旋转，进而捕获多角度的精彩镜头。Sora 生成的视频画面稳定、自然，仿佛是由专业摄影师手持稳定器进行实地拍摄的，真实感与专业性均达到了令人惊叹的程度。

无人机航拍

无人机可以从空中俯瞰拍摄整个场景，提供独特的视角和拍摄角度。通过无人机拍摄，可以轻松地获取高空俯瞰、低空掠过等不同角度的镜头。

随着技术的不断发展，多角度、多镜头生成将会成为影视制作中不可或缺的一部分，它可以通过不同的拍摄角度和制作技术，创造出丰富多样的视觉效果，提升观众的观影体验。

3.3 竞品分析

3.3.1 基本介绍

随着人工智能的飞速发展，文本生成视频工具越来越热门。Sora、Pika、Runway 都是当下热门的文本生成视频工具，具有独特的特点和优势，下面对这些工具进行简单分析。

Sora

Sora 是 OpenAI 推出的一款强大的文本生成视频工具，它利用先进的扩散模型技术，能根据描述性文本直接生成高质量的视频。在生成视频时，Sora 能自动切换镜头、给出特写，并且可生成长达 60 秒的视频。2024 年 4 月，Sora 生成了长达 2 分 19 秒的长视频。Sora 在长镜头方面表现优秀，能为用户带来更加生动、逼真的视频体验。Sora 的官网页面如图 3-6 所示。

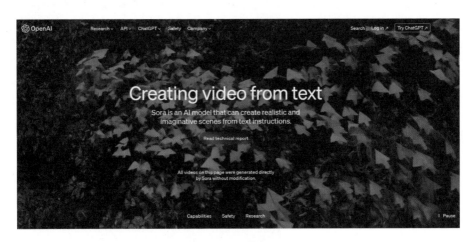

图 3-6　Sora 的官网页面

Pika

Pika 是一款备受关注的文本生成视频工具，它能根据文本生成对应的视频内容。Pika 不仅能生成高质量的图像，还能将图像转化为动态的视频，使生成的视频内容更加生动、有趣。此外，Pika 提供了丰富的功能设置，用户可以根据自己的需求进行个性化设置，从而生成符合自己要求的视频。在视频中，Pika 支持给人物戴眼镜、换衣服等功能。Pika 的官网页面如图 3-7 所示。

Runway

Runway 提供了友好的用户界面和丰富的功能，使用户能轻松地使用文本生成视频。Runway 在生成高质量视频方面表现出色，但在长镜头表现上略显不足。尽管如此，Runway 仍然是一个值得尝试的文本生成视频工具，非常适合那些对视频制作不太熟悉，又想快速生成视频的用户。Runway 的官网页面如图 3-8 所示。

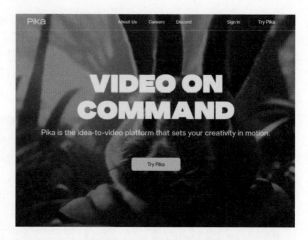

图 3-7　Pika 的官网页面

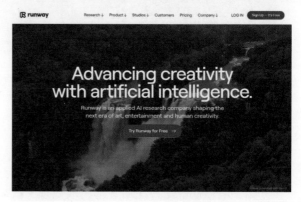

图 3-8　Runway 的官网页面

Sora、Pika、Runway 都是优秀的文本生成视频工具，具有各自的特点和优势。Sora 在长镜头表现方面更胜一筹；Pika 在视觉效果、功能和个性化配置方面表现出色；Runway 提供了简单易用的操作界面。用户可根据自己的需要选择合适的工具。

3.3.2　Pika 的功能介绍

Pika 的部分功能还是非常好用的，下面详细讲解 Pika 的这些功能。

扩展图片内容

只需一个简单的命令，用户就可以创建图片或视频。下面举一个例子。现在有一张图片，该图片只显示了一只狐狸的头部，没有完全显示狐狸的耳朵和身体，如图 3-9 所示。

图 3-9　狐狸的头部

用户只需选择
"9∶16"的设置选项，
图片就会进行上下扩
展，并自动补充狐狸的
耳朵和身体，如图3-10
所示。

图 3-10　图片进行上下扩展

如果用户选择
"1∶1"的设置选项，
则图片会进行上下和左
右扩展，图片的长和宽
会变得一样，除了补充
狐狸的耳朵和身体，还
补充了背景，图片变得
更加丰富、漂亮，如图
3-11所示。

图 3-11　图片进行上下和左右扩展

扩展视频长度

Pika 可以扩展视频的长度。下面导入一个 1 秒的视频，如图 3-12 所示。

图 3-12　1 秒的视频

当我们将视频延长至 6 秒时，飞船后的光影有所变化，画面内容更加丰富。6 秒的视频如图 3-13 所示。

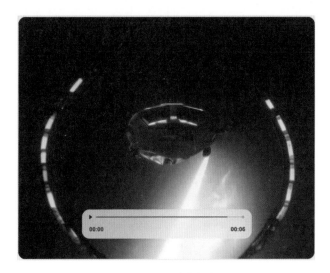

图 3-13　6 秒的视频

当我们将视频延长
至 9 秒时，视频内容更
加丰富。9 秒的视频如
图 3-14 所示。

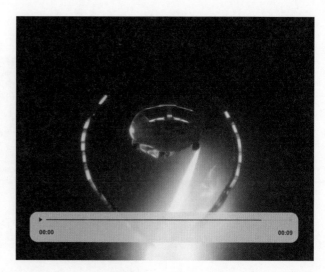

我们将 1 秒的视频
延长至 9 秒，飞船从近
到远，越来越小。由于
飞船从大变小时，需要
越来越多的背景，此时
需要运用扩展图片的相
关技术，将每帧图片进

图 3-14　9 秒的视频

行扩展，再将这些图片拼接成视频。总体来说，扩展视频长度的功能有一定进步，
但还不够成熟。

嘴巴同步

当在 Pika 中输入一段内容后，Pika 就会把输入的内容传递给角色，角
色会说出输入的内容，嘴巴会根据输入的内容同步变换形状。例如，输入内容
"今天的天气很好"，角色就会用它的声音说出"今天的天气很好"，嘴巴的
形状与"今天天气很好"是相匹配的。不断张开嘴巴的过程如图 3-15 所示。

图 3-15   不断张开嘴巴的过程

视频修改区域

　　只需选中要修改的区域，并在输入框内输入命令，选中的区域就可以根据命令进行更改。例如，选中视频女主角的衣服区域，并在输入框内输入"change clothes"，即可将视频中女主角的红色衣服进行更换，如图 3-16 所示。

图 3-16　更换红色衣服

下面再举一个例子。将猩猩的眼睛选中，并在输入框内输入"cool sunglasses"，即可为猩猩戴上太阳眼镜，如图 3-17 所示。

图 3-17　为猩猩戴上太阳眼镜

Pika 除了可以修改人物、动物的形象，还可以修改食物的样子。例如，一碗绿色的食物如图 3-18 所示，我们可使用 Pika 将视频中绿色的食物变换为黄色的面条，如图 3-19 所示。

图 3-18　绿色的食物

图 3-19　黄色的面条

3.3.3　社区介绍

OpenAI 开发者论坛

　　Sora 的社区为 OpenAI 开发者论坛，该论坛为开发者提供了一个交流应用程序编辑接口、分享最佳实践信息的平台，同时支持查看 OpenAI 文档和教程。OpenAI 开发者论坛如图 3-20 所示。

Runway 社区

　　在 Runway 社区中，用户主要对生成的视频和图片进行交流。如果你认

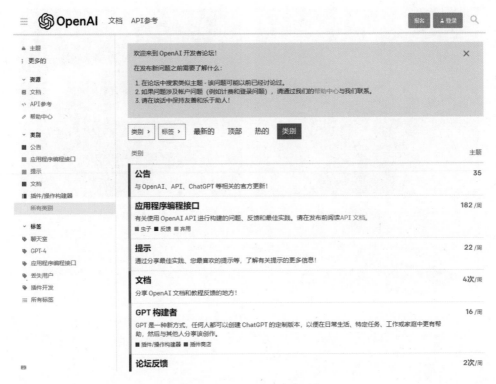

图 3-20　OpenAI 开发者论坛

为其他作者生成的视频效果很棒，那么你也可以学习这些视频的提示词，从而创作精彩的视频。

Pika 社区

　　Pika 社区更加简洁，社区显示了用户生成的视频作品，用户喜欢哪一个视频，即可单击视频，从而观看完整的视频。Pika 社区的首页如图 3-21 所示。

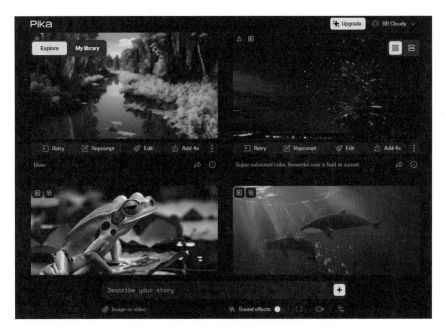

图 3-21　Pika 社区的首页

3.3.4　效果对比

3.3.4.1　生成的云

① Runway 生成的云

Runway 生成的云宛如一幅精美的画作，呈现出一个人的侧脸轮廓，栩栩如生。 Runway 生成的云如图 3-22 所示。

图 3-22　Runway 生成的云

如图 3-23 所示，在视频的第 25 秒，那朵云竟然神奇地变成了两个人的形状，它们在相互对视，像在进行一场无声的对话。

图 3-23　云变成了两个人的形状

② **Sora 生成的云**

如图 3-24 所示，Sora 生成的云宛如一位巨人，看起来非常威猛，仔细观察，巨人的那双眼眸还闪烁着蓝色的光芒。

图 3-24　Sora 生成的云

如图 3-25 所示，在视频的第 7 秒，Sora 生成的云与雷电交织在一起，非常震撼。可见 Sora 在光线处理和算法方面表现相当出色。

③ **Pika 生成的云**

如图 3-26 所示，Pika 生成的云呈现出自然的云朵形态。Pika 生成的视频只有 4 秒，云朵的变化很小，视频效果不是非常出色，还有进步空间。

图 3-25　云与雷电交织在一起

图 3-26　Pika 生成的云

Runway 和 Sora 生成云的效果非常不错，内容较为充实、全面，满足了用户对多元化信息的需求。Pika 生成的云效果比较普通。我们可以尝试在实际的科幻片中运用 Runway 和 Sora。Runway 和 Sora 在质量、丰富性、视觉效果等方面均表现出明显优势。

3.3.4.2 生成的章鱼

① Runway 生成的章鱼

Runway 生成的红色章鱼如图 3-27 所示，红色章鱼栩栩如生。

图 3-27 Runway 生成的红色章鱼

Runway 生成的紫色章鱼如图 3-28 所示。这只章鱼浑身散发着紫色与红色的光芒，宛如在深海中发光的奇异生物。

图 3-28　Runway 生成的紫色章鱼

② **Sora 生成的章鱼**

Sora 生成的章鱼如图 3-29 所示。海底有章鱼、螃蟹、沙子、海水，特别是 Sora 生成的章鱼，其逼真程度几乎可与照相机拍摄的真实画面相媲美。

③ **Pika 生成的章鱼**

Pika 生成的章鱼如图 3-30 所示。在幽深的海底，一只章鱼悠然自在，它身旁有一条鱼儿轻盈地游过。

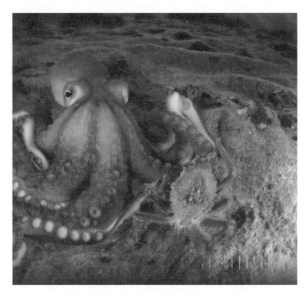

图 3-29　Sora 生成的章鱼

图 3-30　Pika 生成的章鱼

PART TWO

02

Sora 的应用实践

第四章
Sora 的应用前景

4.1　娱乐与影视制作

 **电影制作**

在电影制作的过程中，使用 Sora 可以显著缩短制作周期，具体步骤如下。

（ 步骤一 ） 撰写故事与剧本

① **确定故事**：首先需要构思一个原创故事，或基于现有作品，对小说、漫画等进行改编。

② **购买版权**：选择适合的作品并购买版权，这是获取素材最快的方式。

③ **编写剧本**：将故事转化为剧本，包括对话、场景描述、角色动作和情绪等。

（ 步骤二 ） 前期制作

① **预算**：根据电影的规模和复杂性制订预算计划。

② **选角**：根据剧本角色需求选择合适的演员。

③ **选景与搭建**：根据剧本的场景需求，选择实际的拍摄地点并搭建场景。

④ **拍摄设备**：租赁或购买必要的摄影设备，如摄像机、灯光、录音设备等。

（ 步骤三 ） 拍摄

① **Sora 生成**：使用 Sora 生成短视频，可由 Sora 生成虚拟角色。

② **导演指导**：导演对 Sora 生成的短视频进行整体指导。

③ **Sora 二次生成**：将虚拟角色替换为真实的演员。

④ **导演指导**：导演审查短视频，确保效果符合剧本和视觉要求。

⑤ **摄影与摄像**：摄影师捕捉画面，拍摄各场景的实际素材。

⑥ **录音**：录音师负责录制对话和环境声音，保证声音清晰。

⑦ **Sora 三次生成**：将演员的声音和场景素材导入短视频。

⑧ **质量审核**：导演确保短视频的质量可以达到预期，演员的头像、声音、对话以及实体场景拍摄都符合预期。

使用 Sora 可以在电影制作方面加快进程，从而有效缩短整体制作周期。

4.1.2　短视频制作

短视频是一种在新媒体平台上播放的视频，适合人们在移动状态和短时间休闲状态下观看短视频。短视频通常较短，从几秒到几分钟不等。短视频不仅为人们提供了娱乐价值，还成为人们快速获取知识的途径。通过观看短视频，有些人学习烹饪技巧，有些人钻研网页开发技巧，有些人追踪时事新闻，还有些人研究如何进行自行车组装。短视频内容丰富多样，满足了人们利用碎片时间高效学习的需求。

短视频的生产流程相对简单，制作门槛低，参与性强，因此吸引了大量创作者和观众。随着 5G 技术的普及和网络环境的不断优化，短视频行业可能会继续保持增长态势，用户规模也会稳步上升。

随着短视频的快速发展，短视频的发展面临着诸多挑战，包括内容创新与多元化、技术驱动与智能化发展、商业化变现与盈利模式、监管政策与合规发展等问题。这些问题的解决需要行业内各方共同努力，以推动短视频行业健康、可持续发展。

短视频作为一种新兴的视频形式，已在社交媒体、娱乐、教育等多个领域发挥了重要作用。随着技术的进步和市场的扩大，短视频的发展前景将更加广阔。Sora、Pika、Runway 等文本生成视频工具可以快速生成短视频。例如，用户只需输入文字，Sora 便可自动生成一个 10 秒的短视频，如图 4-1 所示。

图 4-1　Sora 生成的短视频截图

4.2　教育与培训

当前，教师在授课前可能需要准备 PPT 和短视频，以辅助课堂教学。尽管如此，有时学生在课堂上仍未能完全理解所学内容。课后，学生可以借助老师的 PPT 和短视频进行复习。教师在课前准备 PPT 和短视频的工作可以交由 Sora 完成，教师能直接使用这些材料，这样可以大大节省教师的材料准备时间。下面举一个例子。

 步骤一 ChatGPT 生成 PPT

老师需要输入教学内容，例如，2×1=2，2×10=20，并在 ChatGPT 中输入"生成 PPT"等文本内容，Sora 即可生成 PPT 大纲，如图 4-2 所示。

2×1=2，2×10=20生成PPT

为了创建一个简单的PPT来展示"2×1=2"和"2×10=20"这两个乘法表达式，您可以遵循以下步骤：

幻灯片1：封面

- **标题**：乘法基础示例
- **副标题**：（可选）简单乘法表达式的解释
- **图片**：（可选）可以选择一个与数学或学习相关的背景图片

幻灯片2：内容

- **标题**：2×1 的解释
- **内容**：

  - 文字描述：2乘以1意味着将1加到自己上1次。
  - 公式：2 × 1 = 2
  - 可视化：可以使用简单的图形或动画来展示1被加了1次，结果仍然是1（虽然是多余的，但有助于理解乘法的概念）。

图 4-2　Sora 生成的 PPT 大纲

幻灯片3：内容

- **标题**：2×10 的解释
- **内容**：

    - 文字描述：2乘以10意味着将10加到自己上1次。
    - 公式：$2 \times 10 = 20$
    - 可视化：展示10被加了1次，即$10 + 10 = 20$。可以使用条形图、动画或其他图形元素来清晰地展示这一加法过程。

幻灯片4：总结

- **标题**：乘法总结
- **内容**：

    - 简短总结乘法的基本概念。
    - 可以提及这两个例子是如何体现乘法的基本规则的。

图 4-2　Sora 生成的 PPT 大纲（续）

> 步骤二 　Sora 生成教学短视频

老师只需在 Sora 中输入幻灯片中的内容，并说明"将上面的 PPT 变为短视频"，即可生成短视频。学生可以通过短视频学习相关知识，并可以在课后观看相关内容，便于学生进行复习。

注意 ▋ 目前，Sora 根据幻灯片的内容直接生成视频的效果欠佳，但可以在我们自己生成视频后，使用 Sora 进行修改，这样可以节省部分时间。

下面再举一个例子。

培训老师不仅要教授学生专业技术知识，还要指导学生进行实际操作。培训老师可利用 Sora 创建教学内容，并解决工作中遇到的各种问题。

步骤一 老师撰写文本内容

培训老师首先需要将教学内容整理出来。例如，培训老师教授的是交互设计课程，第一节课通常会教授基础内容，如打开软件、制作线条、绘制圆形等。

步骤二 使用 ChatGPT 生成 PPT

假设学生需要使用 Adobe XD 软件制作圆形，则可以利用 ChatGPT 生成制作圆形的 PPT 大纲，如图 4-3 所示。

软件Adobe XD制作一个圆形

在Adobe XD中制作一个圆形的步骤如下：

1. 首先，打开Adobe XD软件。

2. 选择自己想要的画布大小。

3. 点击工具栏中的椭圆工具（通常在形状工具组中，可能显示为圆方形图标）。

4. 按住Shift键，然后在画布上拖动鼠标。你会发现，随着拖动，你正在绘制一个圆形，而不是椭圆。这是因为Shift键确保了椭圆的宽度和高度相等，从而形成了圆形。

5. 当你达到所需的圆形大小时，释放鼠标和Shift键。

这样，你就成功在Adobe XD中制作了一个圆形。你还可以根据需要调整圆形的颜色、边框等属性，以达到你的设计目标。

图 4-3　制作圆形的 PPT 大纲

（ 步骤三 ） Sora 生成教学短视频

老师只需输入内容"使用 Adobe XD 软件制作圆形"，Sora 即可生成相应的教学视频。通过视频，学生可以更直观地了解课堂上可能遗漏的内容，并观看软件操作的全过程，这样可使学习过程更加便捷。生成的制作圆形教学视频截图如图 4-4 所示。

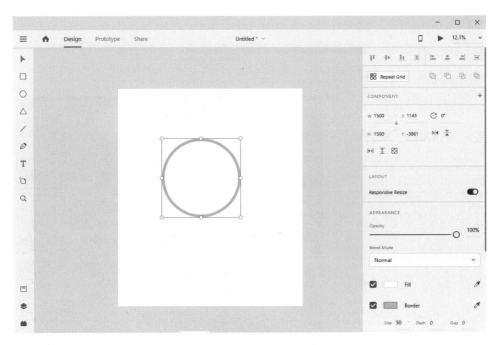

图 4-4　制作圆形教学视频截图

Sora 将为培训行业带来便利，提高教学效率，丰富教学资源，帮助学生更好地理解和掌握专业技能。

4.3 游戏与虚拟现实的创新

Sora不仅可以应用于教育与培训行业，还为游戏开发、虚拟现实和增强现实等领域提供广阔的应用空间。Sora能缩短游戏开发周期，降低开发成本，为游戏企业带来更多机会。

Sora与游戏、虚拟现实领域有着密切的联系，可以生成连贯的三维空间运动视频，这使Sora在游戏开发和虚拟现实领域拥有巨大潜力。

例如，Sora生成的变色龙视频不仅在外观上像真实的变色龙，连纹理也表现得十分逼真。这种逼真性使Sora在游戏开发和虚拟现实应用方面具有广泛的可能性。Sora生成的变色龙如图4-5所示。

图 4-5　Sora 生成的变色龙

在游戏开发领域，Sora 的物理交互模式能准确模拟出物体在真实世界中的运动方式，这种逼真的物理模拟效果显著提升了用户的游戏体验。

虚拟现实是一种利用计算机技术模拟三维虚拟世界的技术。通过头戴式显示器、手套、眼镜式显示器等多种传感设备，用户可以沉浸在虚拟环境中，并与虚拟环境进行交互。

Sora 技术与虚拟现实技术的结合可以进一步提升游戏的沉浸感和真实感，使游戏场景更加真实和吸引玩家，玩家可以体验到更加逼真的物理交互效果，如角色动作、物体碰撞和场景特效。同时，虚拟现实提供全方位的视觉和听觉体验，使玩家能更深入地融入游戏世界，为玩家带来更多新奇的互动体验。

4.3.1 游戏

游戏开发是一个复杂且多样化的团队协作过程，需要多个部门和专业团队协同工作。一个完整的游戏需要整合各部门制作的内容，最终形成可供玩家体验的游戏。游戏开发的常规流程如下。

① 规划与概念

游戏团队需明确游戏的核心概念、类型、基本玩法及目标受众，并撰写游戏设计文档，详细描述游戏设定、角色等。例如，对于格斗游戏来说，需要明确角色间的伤害计算、武器的攻击增益，以及连招对血量的影响等。这一步骤通常由游戏策划、产品经理和测试工程师完成。

② 预生产

预生产是游戏开发过程的关键步骤，相关人员需确定技术需求、内容、场景、图形、音频效果和用户界面等，为每个部分制订详细计划和规格说明，并向其他开发人员分配任务。例如，预生产开发经理需要规划游戏数据库，并向各环节的开发人员分配任务。

③ 正式生产

正式生产是游戏开发过程中最复杂、花费最多的步骤。项目经理、产品经理、前端工程师、后端工程师、艺术家、设计师、测试工程师等人员组成团队，将游戏的各部分计划转化为可玩内容，包括编写游戏代码、创建 3D 模型、渲染模型和图像，以及制作游戏音效、背景音乐等。

④ 测试

这一步骤是游戏质量检查和优化的关键，需要对大量的用户进行测试，收集用户反馈和其他数据，并进一步优化游戏。

⑤ 发布和营销

测试完成后，准备发布游戏。选择适合的发布平台，制订详细的发布计划，包括发布日期、市场定位、定价策略、宣传计划和发布会。需充分准备宣传和营销资料，以支持市场推广活动，按计划正式发布游戏。

下面介绍 Sora 在游戏行业的应用。

 撰写规划与概念

游戏策划人员需要撰写简单的规划与概念，需考虑的内容包括碰撞检测、攻击触发检测、伤害值计算、更新角色的血量、显示伤害效果、检查死亡条件、播放音效等相关内容。

 Sora 生成视频

游戏设计师可利用 Sora 生成背景视频，从而节省大量设计时间。例如，在 Sora 中输入"圣托里尼岛鸟瞰图，展示了圆顶的白色建筑。火山口景色令人叹为观止，灯光营造出美丽宁静的氛围"，Sora 即可生成 8 秒的视频，视频截图如图 4-6 所示。

图 4-6　视频截图

 4.3.2 虚拟现实

当游戏玩家戴上头戴式显示器和手套时，即可处于虚拟世界，产生身临其境的游戏体验。Sora 采用深度学习等相关技术，能根据输入的文本迅速生成逼真的视频片段。未来，可以利用 Sora 生成虚拟现实场景。例如，在 Sora 中输入"赛博朋克风格的机器人"，即可生成视频。赛博朋克风格的机器人如图 4-7 所示。

4.4 医疗与健康的数字化探索

4.4.1 医疗

现在，医院的设备已经实现了高度电子化，当医生在电脑中输入病人的诊断结果为感冒时，系统会立即显示各种感冒药物，使医生能迅速选择合适的治疗方案。

高级的医疗系统甚至能用不同颜色标注销量最高的药物。此外，系统还可以标记病人使用过的感冒药物，从而提供更全面的信息。

下面介绍 Sora 在医疗与健康领域的应用。

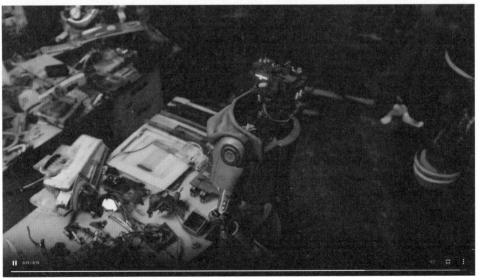

图 4-7　赛博朋克风格的机器人

① **医生为病人进行手术**

在手术过程中，医生可以指定需要的工具，如"18厘米上弯手术刀"，Sora可以立刻生成短视频，360°展示该工具供医生确认。医生确认工具后，系统将通知机械臂将该工具传递给医生。此外，系统还能统计每次手术所使用的工具及使用次数等信息。

② **手术完成**

手术结束后，Sora可生成视频，指导医生将使用过的工具放入回收箱中。

③ **病人复诊**

病人在进行复诊时，Sora可生成一段视频，帮助医生快速了解病人以前的手术情况，确定需要重点复诊的部位。

4.4.2 健康

① 健康教育：Sora可以生成与健康教育相关的视频，用于宣传健康教育的内容，帮助人们了解健康知识，如根据疾病的类型推荐应吃的水果蔬菜。Sora生成的健康教育视频能更直观、生动地展示健康信息。此外，与文字相比，视频更加通俗易懂，更适于老人和小孩观看。

② 心理健康：Sora生成的视频可以作为一种心理舒缓工具，帮助人

们缓解压力，减轻焦虑和抑郁等心理问题。例如，Sora 可生成娱乐视频、冥想视频、音乐视频、鼓励视频等，帮助人们调节情绪，促进心理健康。

③ **健身运动**：公园的运动器材有很多，可是很多人不明白这些运动器材的用法及效果。Sora 可生成健身运动视频，详细展示运动器材是如何使用的，以及这些运动器材有哪些用处，从而可以帮助人们正确地进行锻炼，避免运动损伤，提高身体免疫力。

④ **饮食指导**：现在年轻人爱吃美食，经常大鱼大肉。Sora 可生成关于饮食均衡和食物营养价值的视频，引导观众制订健康的饮食计划。

4.5 短视频内容创作

短视频因其简单易懂、图文并茂、语音结合等特点，已经成为人们日常生活中的重要组成部分。下面介绍几个运用 Sora 生成短视频的例子。

4.5.1 中国龙

在 Sora 中输入"*中国新年庆祝*"，Sora 输出的短视频截图如图 4-8 所示。

图 4-8 中国新年庆祝

4.5.2 野生动物

如图 4-9 所示，在 Sora 中输入"河上的野生动物"，Sora 就会输出相关的野生动物短视频。视频中的小鸟生动逼真，该视频展示了 Sora 在模拟动物方面的高超水平。

图 4-9 河上的野生动物

4.5.3 眼睛

如图 4-10 所示，在 Sora 中输入"一位女子在眨眼的特写镜头"，Sora 即可生成相关的短视频。该短视频生动地展示了女子眼睛的特写镜头，色彩鲜明，景深感明显，令人印象深刻。

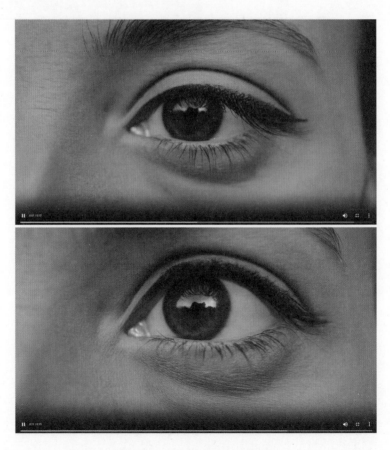

图4-10　女子在眨眼的特写镜头

Sora 生成了一个 15 秒的短视频。仔细观察可以看到眼睛周围的细节，人物的眉毛和皮肤纹理非常真实。从不同的角度观察，人物的眼睛中反射的景象也在微妙地进行变化。

4.5.4 小怪物

在 Sora 中输入"一个毛茸茸的小怪物，跪在红色蜡烛旁。艺术风格是3D 的、逼真的，重点强调照明和纹理。小怪物睁大眼睛，张大嘴巴，凝视着火焰。"Sora 输出了一个相关的短视频。如图 4-11 所示，小怪物向前看蜡烛；如图 4-12 所示，小怪物低头看蜡烛。从这个短视频可以看出，未来或许可以使用 Sora 制作卡通电影。

图 4-11　小怪物向前看蜡烛

图 4-12　小怪物低头看蜡烛

4.5.5　东京街道

在 Sora 中输入"美丽的、下雪的东京。镜头穿过熙熙攘攘的城市街道，樱花花瓣随着雪花在风中飞舞。"Sora 输出了相关视频，如图 4-13 所示。视频的前几秒呈现了如无人机拍摄的美景，樱花花瓣在风中飞舞。随后的几秒显示人们在街道上漫步，并慢慢降低了拍摄高度。无论是樱花的景色还是街道上的人物，都十分逼真。

图 4-13　下雪的东京

4.5.6 一盆花

如图 4-14 所示,在 Sora 中输入"窗台上有一盆花",Sora 即可输出相关的短视频。该短视频生动地展示了一朵未开放的花逐渐绽放的过程。花朵形象逼真,色彩鲜艳夺目,甚至连阳光洒在花瓣上的细腻光影都得以呈现。我们有理由相信,未来 Sora 能制作植物种植的视频教程,为用户提供直观生动的种植指导,帮助用户更好地了解和掌握各种植物的种植技巧。

图 4-14 窗台上有一盆花

小拓展

用户若想成为第一批使用 Sora 的用户，则可申请成为红队成员，优先测试和评估 Sora，并完善人工智能模型。OpenAI 红队成员申请界面如图 4-15 所示。

图 4-15　OpenAI 红队成员申请界面

第五章
案例解析

5.1　文本生成视频案例：走在街上的女性

文本生成视频的平台包括 Runway、Stability.ai、Pika、Sora 等，目前只有 Sora 能根据文字描述生成长达一分钟的视频，这展现了 Sora 独特的技术优势。Sora 发布于 2024 年，基于 Transformer 模型，采用扩散模型技术。

用户只需在 Sora 中输入与视频相关的内容，即可生成视频。Sora 官网给出了一个示例，输入的内容如下：

A stylish woman walks down a Tokyo street filled with warm glowing neon and animated city signage. She wears a black leather jacket, a long red dress, and black boots, and carries a black purse. She wears sunglasses and red lipstick. She walks confidently and casually. The street is damp and reflective, creating a mirror effect of the colorful lights. Many pedestrians walk about.

翻译后的内容如下：

一位时尚的女性走在东京街头，街道上充满了温暖明亮的霓虹灯和城市标志。她穿着黑色皮夹克、红色长裙和黑色靴子，手提一个黑色钱包。她戴着墨镜，涂着红色口红，步态既自信又随意。街道潮湿且反光，色彩斑斓的灯光在街道上形成了镜面效果，许多行人在此来来往往。

Sora 依据上面这段话生成了一段长达一分钟的视频，共包含四个场景。接下来，我们将详细解读这个视频。

5.1.1 女性走在东京街头

如图 5-1 所示，一位时尚的女性正在东京的街道上行走，这位女性穿着黑色皮夹克、红色长裙、黑色靴子，戴着墨镜，涂着红色口红。

图 5-1　一位时尚的女性

我们可以观察到这位女性的走路姿势，当右脚在前时，右手在后（见图 5-2），当右脚在后时，右手在前（见图 5-3）。学生军训时，经常会出现同手同脚的情况，即左手和左脚同时前进或同时后退。这些场景在实际生活中经常发生。模型能准确地解决这些动作问题，显示其训练水平之高。

图 5-2　右脚在前的女人

图 5-3　右脚在后的女人

我们可以观察手提包，当人的手摆动时，包也跟着摆动。这表明模型能根据人体动作实时调整物体位置。如图 5-4 所示，包向前摆动。如图 5-5 所示，包向后摆动。若模型未经训练，则人的右手向前摆动时，包会保持静止，或包向右侧摆动，此时视频会显得非常不自然。

图 5-4　包向前摆动

图 5-5　包向后摆动

如图 5-6 所示，地面的光线在不断变化。在灯光的照射下，地面上的积水映出了人的倒影。

图 5-6　地面的光线

5.1.2　切换场景

在视频中，人物和场景都在变化，人物周围的其他人也在走动。人物并非原地行走，而是在街头漫步，这种视频更具挑战性，因为所有背景场景都在变化。

5.1.3　头像特写场景

图 5-7 是切换场景的关键帧，直接将人物的全身像切换为人物的头像特写，

从人物的眼镜中可以看到马路的倒影。如图 5-8 所示，人物向上抬了一下头，眼镜中的倒影也发生了变化。

图 5-7　人物的头像特写

图 5-8　眼镜中的倒影发生变化

5.1.4 衣服特写场景

图 5-9 展示了人物的黑色皮衣。如图 5-10 所示，微微向上移动镜头，可以看到人物的部分下巴。

图 5-9 黑色皮衣

图 5-10 微微向上移动镜头

5.2　文本生成图片案例: 打造惊艳的图片效果

目前, 文本生成图片的工具有很多, 如DALL·E、Midjourney、Imagen 3、文心一言等。

案例: 玫瑰花

在文心一言中输入文本内容: 帮我画一朵玫瑰花。

等待一段时间后, 计算机会自动生成玫瑰花图片。文心一言生成的玫瑰花如图5-11 所示。

图片解读

图中的玫瑰花瓣很有层次感, 很好地展现了玫瑰花的形态, 这充分说明文心一言的模型训练水平较高。

图 5-11　文心一言生成的玫瑰花

5.3 图片生成图片案例：图片风格自动转化

图片生成图片的 AI 技术也称为图像转换或图像翻译，是人工智能领域中一个快速发展的分支。这种技术允许将一个图像作为输入，并生成一个新的图像作为输出。目前，流行的图片生成图片的工具和平台包括 Stable Diffusion、Midjourney、DALL·E 2、Deepart.io 等。下面以 Midjourney 为例，介绍图片生成图片案例。

5.3.1 风景图片案例

图 5-12 是实拍的盆景，输入图片内容。

图 5-12 实拍的盆景

AI 风格的盆景如图 5-13 所示。

图 5-13　AI 风格的盆景

图 5-14 是实拍的花朵，输入图片内容。
AI 风格的花朵如图 5-15 所示。

图 5-14　实拍的花朵

图 5-15　AI 风格的花朵

5.3.2 食物图片案例

图 5-16 是实拍的螺蛳粉，输入图片内容。

AI 风格的螺蛳粉如图 5-17 所示。

图 5-16 实拍的螺蛳粉

图 5-17 AI 风格的螺蛳粉

图 5-18 是实拍的桂林米粉，输入图片内容。

AI 风格的桂林米粉如图 5-19 所示。

图 5-18　实拍的桂林米粉

图 5-19　AI 风格的桂林米粉

5.3.3 人物图片案例

图 5-20 是实拍的小女孩，输入图片内容。

AI 风格的小女孩如图 5-21 所示。

图 5-20 实拍的小女孩

图 5-21 AI 风格的小女孩

图 5-22 是实拍的小朋友，输入图片内容。

AI 风格的小朋友如图 5-23 所示。

图 5-22　实拍的小朋友

图 5-23　AI 风格的小朋友

PART THREE

03

Sora 深度解析

第六章
Sora 技术详解

Sora 在生成视频时，需要进行如下步骤。

① 捕获或导入数据

捕获或导入原始数据。由于 Sora 可以直接由文字直接生成视频，所以可以直接在 Sora 中输入一段文字。

② 预处理

在输入文字后，需要进行底层预处理。假设输入的文字是"眼睛"，预处理后的文字可能是"长着双眼皮的大眼睛"，这样可以提升视频的视觉效果，包括色彩、去噪、锐化效果。这一步骤运用 ChatGPT 的相关技术。

③ **将预处理后的文字转化为图片**

这一步骤运用 DALL·E 3 的相关技术。

④ **分割与编码**

将多个图片拼接起来生成视频，这一步骤运用 Sora 的相关技术。视频通常被分割成帧，每一帧再被编码为压缩格式。编码过程会设置颜色空间、采样率、量化参数等参数。

⑤ **元数据处理**

视频的元数据（如时间戳、标题、表情、描述）需要进行处理，可能需要将这些元数据存储或嵌入到视频文件中。

6.1　数据处理和压缩技术

Sora 在生成视频时，需要处理大量数据，对于这一问题，Sora 采用了数据处理和压缩技术。通过对视频数据进行处理和压缩，Sora 能在保持视频质量的同时，减少存储空间的占用。

视频数据压缩的目标是压缩视频文件，同时保持可接受的视觉质量。视频压缩主要分为两类方法：有损压缩和无损压缩。

有损压缩

有损压缩通过去除或减少人类视觉不太敏感的信息，从而达到压缩视频文件的目的。常见的视频编码标准包括 H.264、H.265（HEVC）、AV1 等，这些视频编码标准都使用了有损压缩的相关技术，通过预测、变换、量化、熵编码等步骤来减少数据冗余。

无损压缩

无损压缩能减小文件所占的空间，但不会丢失任何原始数据。然而，由于视频数据的复杂性，无损压缩通常不如有损压缩那么有效。

在选择压缩方法时，需要考虑文件大小、视频质量、处理速度。在正常情况下，更高的压缩率会导致更多的质量损失和更长的处理时间。

6.2 样本取样与生成过程

样本取样与生成过程包括视频编码、加噪降噪、视频解码三个关键步骤。

视频编码

一开始需要压缩原始视频，即对视频进行降维处理，这有助于降低视频数据的复杂性和冗余度，便于我们后续高效地处理视频信息。

接着需要将视频分解为时空 patches，即将完整的视频拆分成多个小的图像块。通过这种方式，视频被转化为一系列的时空 patches，这些时空 patches 捕捉了视频中的局部时空信息。

时空 patches 随后被转换为视频 token。这个过程是将每个图像块转换成向量形式，每个向量都包含了对应图像的位置信息，并形成一种嵌入表示。时空 patches 实质上是将完整的图片拆分成图像块，并将每个图像块转换成向量，从而得到包含每个图像块位置信息的嵌入。

这种处理方式使 Sora 能接收任何视频和图片作为训练输入，输出也不会受到训练输入的影响。

加噪和降噪

Sora 是基于 Transformer 模型进行开发的，其中，扩散模型发挥了关键作用。时空 patches 在扩散模型的作用下进行文本条件化融合，只有通过对时间 patches 进行加噪和降噪，视频数据才能达到可解码状态。

为了获得用于训练的 text-videos 对，Sora 在训练阶段使用了一种标题生成技术，该技术为所有的视频训练数据生成了高质量文本标题。这有助于模型在训练过程中建立视频与文本内容、文本标题之间的关联性。

视频解码

Sora 的关键任务是将去除噪声后的低维潜在表示映射回像素空间，从而生成高质量视频。通过有效的解码技术，Sora 能生成高质量、逼真的视频，为视频生成领域的发展提供新的可能性。

6.3　多模态学习

多模态学习是一种机器学习方法，通过利用多种不同的数据模态训练模型。这些模态可能包括文本、图像、音频、视频等。多模态学习的目标是将这些不同模态的数据映射到一个统一的空间中，以便更好地理解和处理数据。

在人工智能领域，多模态学习可以应用于图像分类、语音识别、自然语言处理等多个方面。多模态学习有广泛的应用领域，如医疗诊断、智能客服、自动驾驶等。在医疗诊断领域，多模态学习被广泛应用于诊断和治疗各种疾病，通过将医学影像与病理学数据相结合，医生可以更加准确地诊断疾病。多模态学习是人工智能领域的重要研究方向，有望为未来的智能应用提供更强大和灵活的支持。

研究表明，通过不断学习，多模态学习可以获得接近人类的感知和认知能力，这标志着 AI 技术正迈向"通感时代"，即人的视觉、嗅觉、味觉、触觉、听觉等感觉互通。

多模态学习的发展也面临着挑战，如泄露数据隐私、算力不足、电力不足等问题。

在 Sora 的训练过程中，多模态学习发挥着至关重要的作用。Sora 能利用文本、图像、视频等多种模态数据进行训练，从而生成高质量的视频。多模态学习能使 Sora 更全面地理解视频数据的内在结构和语义信息，从而生成更加符合要求的视频。

Sora 运用图文标注技术，如使用场景描述、对象识别、动作标注、行为交互、情感表达等技术，将不同模态的信息融合到模型中，使 Sora 生成连贯的视频序列，从而准确呈现对象及其交互行为，并更好地体现人物之间的情感表达。Sora 还采用了自我监督学习和深度生成模型等技术，进一步提升了视频的质量和多样性。

多模态学习是 Sora 高效生成视频的关键所在。通过充分利用多模态数据的优势，Sora 有希望在视频生成领域取得突破性进展，并且为未来的视频创作和应用提供更大的可能性。

6.4 OpenDiT

OpenDiT 是一个开源项目，可以显著提升 Sora 的训练和推理效率。

① 数据准备与预处理

训练一个高效的视频生成模型需要大量视频数据。OpenDiT 可以帮助 Sora 收集、整理、预处理视频数据，包括视频格式转换、分辨率调整、帧率统一等内容，这样就可以确保输入数据的质量和一致性。

② 文本标题生成

Sora 在训练阶段使用了文本标题生成技术，为视频数据生成高质量的文本标题。OpenDiT 提供了自动化或半自动化工具，帮助 Sora 快速生成文本标题，从而加快训练数据的准备过程，提高了效率。

③ 模型训练与优化

OpenDiT 提供高性能的计算资源，如 GPU 集群或云计算服务，可以加快 Sora 的训练过程。另外，OpenDiT 还提供了模型优化的工具和方法，如超参数调整、模型剪枝等，可以帮助 Sora 获得更好的性能。

④ 模型评估与调试

在训练过程中，对模型进行定期评估和调试是非常重要的。OpenDiT 提供了模型评估工具和指标，帮助 Sora 了解模型的性能，并发现潜在的问题。同时，OpenDiT 还提供了调试工具，帮助定位和解决模型中的错误或异常。

 社区支持与知识分享

OpenDiT 是一个开放的平台或社区，为 Sora 提供与研究者交流和分享的机会。这种交流和分享可以帮助 Sora 的开发团队了解最新的研究动态、获取新的灵感，并帮助 Sora 的开发团队解决在训练过程中遇到的一些难题。

6.5 Sora 的技术突破

2024 年 4 月，Sora 又有重大突破。Sora 生成了长达 2 分 19 秒的视频，这个视频是一部歌曲的 MV。这个 MV 使用 Sora 制作，音乐由作曲家 August Kamp 编曲。August Kamp 表示，使用 Sora 创作这部 MV 时，让他可以回忆起两年前创作这首歌时的情景和心情。

August Kamp 称赞 Sora 可以将他心中的画面呈现出来，使他可以更方便地与其他人分享他创作时想象到的画面。

Sora 在不断进步，现在已经可以生成 2 分钟以上的视频，这是一个重大突破，视频内容得到了观众的认可。下面截取 MV 中的部分内容。

有水池的建筑物如图 6-1 所示。

图 6-1　有水池的建筑物

发光的宝石如图 6-2 所示。

图 6-2　发光的宝石

发光的树枝如图 6-3 所示。

树林中的机器如图 6-4 所示。

图 6-3　发光的树枝

图 6-4　树林中的机器

6.5.1　Transformer 模型

Sora 基于 Transformer 模型进行开发，这使 Sora 具有极强的扩展性。Transformer 模型是一种基于自注意力机制的神经网络架构，能同时处理输入文本中的所有位置信息，使模型能捕捉全局的上下文信息。这种架构使 Sora 在生成视频时能更好地理解文本描述信息。

6.5.2　扩散模型

Sora 采用了扩散模型，与传统的 GAN 模型相比，扩散模型具有更好的生成多样性和训练稳定性。扩散模型通过消除噪声来生成视频，这样可以有效提高视频质量。同时，通过采用扩散模型，Sora 还能生成更加逼真的视频场景。

6.5.3　视频质量和逼真度

Sora 在生成视频的过程中，注重保持视频质量和逼真度。通过采用 Transformer 模型和扩散模型，Sora 能生成更加连贯且具有高逼真度的视频场景。这使 Sora 在应用领域具有广泛的潜力，如可以在影视制作、游戏开发等领域应用 Sora。

Sora 的挑战与未来

第七章
Sora 面临的技术挑战

🌐

7.1　物理交互模式

7.1.1　什么是物理交互模式

物理交互模式是指通过物理手段，如触摸、运动、手势、姿态和语音等，实现人与设备或系统之间的直接交互。这种交互模式强调通过身体动作、姿态、力度、语音等物理特性来传递信息和操作指令，从而实现对设备或系统的控制和操作。

在物理交互模式中，用户可以直接与物理界面进行接触，如接触触摸屏、按钮、手柄、开关等，或通过身体动作、手势、语音与设备或系统进行互动。设备或系统通过传感器和执行器等物理组件感知用户的动作和意图，并做出相应的响应和反馈。

例如，在车辆导航软件的使用场景中，物理交互模式如下。

用户说："小度、小度。"

导航软件回复："在的。"

用户说："回家。"

导航软件显示回家的路线。

用户说："开始导航。"

导航软件提示："预计 30 分钟到达"，并引导用户启动导航。

从上面的案例中可以看出，物理交互模式具有直观、自然、即时等特点，用户可以通过语音指令直接操作设备，无须复杂的界面操作，从而提高了人机交互的效率和用户体验。

然而，物理交互模式也面临一些挑战。例如，物理界面和组件的设计必须考虑到人体工学和易用性，以确保用户能舒适地进行交互。同时，物理交互模式可能受到环境、空间和设备本身的限制，设备的尺寸、位置、布局等因素可能会影响物理交互模式的效果。

物理交互模式通过物理手段实现人机交互，强调直观、自然和即时的交互体验，为用户提供更直接和便捷的操作方式。在实际应用中，可以根据具体需求和场景进行设计和优化，以满足用户的交互需求。

7.1.2 物理交互的常见模式

物理交互模式可以通过各种感知和操控技术实现，如传感器、执行器、机器人和人体接口等。

常见的物理交互模式有如下三种。

按键式交互

按键式交互是最常见的物理交互模式之一。在采用触屏式自助 ATM 机之前，银行的按键式柜员机采用按键式按钮。按键式柜员机如图 7-1 所示。

使用按键式柜员机取款的步骤如下。

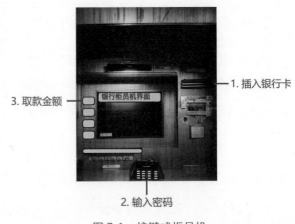

图 7-1　按键式柜员机

步骤一　用户将银行卡插入按键式柜员机。

步骤二　按键式柜员机接收到银行卡插入的指令，显示用户输入密码的界面。

步骤三　用户查看并输入密码。

步骤四　按键式柜员机验证输入的密码和银行卡信息是否正确，若信息正确，则显示存款和取款界面。

步骤五　用户选择取款金额，如取出 200 元。

步骤六　按键式柜员机接收到取款 200 元的指令，进行内部处理，并将 200 元现金呈现在用户面前，同时扣减银行卡账户余额。

步骤七　用户取出 200 元现金。

触屏式交互

目前，绝大部分智能手机采用触屏式交互的物理交互模式。在观看短视频或玩手机游戏时，用户可以通过手指滑动屏幕进行操作。

使用智能手机看短视频的步骤如下。

(步骤一) 用手指触摸短视频 App 图标。

(步骤二) 打开 App，显示推荐的短视频。

(步骤三) 看完一个短视频后，手指从下往上滑动屏幕，以查看
下一个短视频。

(步骤四) 手机接收到用户滑动操作信号，显示新的短视频。

(步骤五) 继续观看新的短视频。

通过滑动操作，用户可以轻松控制设备和应用，实现交互效果。尽管触屏式交互的手机方便易用，但在屏幕有水等情况下可能会导致误触等问题。

语音式交互

我们可以结合按键和语音的方式进行交互。例如，翻译软件通常采用按键加语音的方式进行交互。用户通过按住按钮进行说话，说出想要翻译的内容后，松开按钮，翻译软件即可输出翻译后的内容，如图 7-2 所示。

图 7-2　结合按键和语音的方式

7.1.3　Sora 与物理交互模式

Sora 在物理交互模式方面展现出了独特的能力。Sora 能模拟物理世界中的物体运动和交互，生成连贯的三维空间运动视频，对电影制作、游戏开发、虚拟现实等领域具有重要应用价值。

Sora 能模拟物体之间的碰撞、摩擦、重力等物理现象，使生成的视频内容更加逼真，并符合实际物理规律。例如，Sora 在模拟足球穿越球门的情景时，能精确展现足球的运动轨迹，以及足球与球门之间的交互，可以成功避免物体相互穿透或形变等不符合实际的情况，确保了模拟过程的真实性和准确性。在模拟小鸟飞行的过程中，Sora 能准确模拟小鸟的动作，如上下摆动翅膀，同时避免了小鸟运动时翅膀不摆动等不合理情况。

此外，Sora 能处理视频中的长期依赖关系，确保生成的视频内容在时间上具有一致性和连贯性，这对生成连贯且具有逻辑性的视频内容至关重要。

总而言之，Sora 在物理交互方面的能力为视频生成领域提供了支持，为电影制作、游戏开发等领域提供了更加逼真和符合物理逻辑规律的模拟环境，同时为未来可能的通用人工智能研究提供了有力支持。

尽管 Sora 在物理交互方面取得了显著进展，但仍然面临一些挑战和限制，如模型训练不足，需要进一步研究和改进。相信随着 Sora 的进一步完善，Sora 甚至可以推动人机交互向机机交互方向的演进。

7.2 对象状态变化的准确性

对象状态变化的准确性至关重要，反映了对象内部数据的当前值和对外展示的行为。下面介绍柜员机取款过程中可能出现的状态变化。

① **空闲状态**：柜员机在未被使用时处于空闲状态，屏幕显示欢迎信息、广告、理财产品、菜单选项等，并等待用户操作。

② **用户认证状态**：用户开始使用柜员机并选择取款时，进入用户认证状态。用户需插入银行卡并输入密码进行验证。认证成功后，柜员机进入下一状态；认证失败时，提示用户重新输入密码或退出流程。

③ **选择取款金额状态**：银行卡认证通过后，柜员机进入选择取款金额状态。用户可选择预设金额或输入自定义金额。

④ **处理取款请求状态**：用户选择取款金额后，柜员机进入处理取款请求状态。柜员机验证账户余额和机器现金充足后，准备发放现金。

⑤ **发放现金状态**：取款请求验证通过后，柜员机发放现金，并更新用户账户和柜员机现金余额。

⑥ **打印收据状态**：发放现金后，询问用户是否需要打印收据。选择打印后，进入打印收据状态并打印取款交易详情。

⑦ **结束状态**：用户取回银行卡和现金后，柜员机返回空闲状态，等待下一位用户使用。

需要注意的是，上面介绍的柜员机取款过程是一个简化的示例，实际的柜员机取款过程可能涉及更多状态和更复杂的逻辑。

在部分应用场景中，可以考虑将 Sora 和对象状态变化的准确性整合起来，以创建更加丰富和准确的视觉内容，带来更多可能性。Sora 作为一种新兴的人工智能视频模型，能生成逼真的视频内容，而确保对象状态变化的准确性是保证视频内容真实性和可信度的关键。

首先，Sora 能根据文本指令生成逼真的视频。这意味着只要提供描述对象状态变化的文本，Sora 就可以生成相关过程的视频。这种整合方式使对象状态的变化通过视觉方式直观地展现出来，有助于用户更好地理解和分析状态变化的过程。为了确保这些状态变化的准确性，我们可以为 Sora 提供大量训练数据和精确的指令，使 Sora 学习和理解不同对象在不同状态下的表现。

其次，对象状态变化的准确性对于生成的视频质量至关重要。如果对象的状态变化在文本描述中不准确或模糊，则 Sora 生成的视频将无法准确反映实际的状态变化。

因此，在整合 Sora 和对象状态变化的准确性时，需要确保文本描述的准确性和清晰性。通过仔细编写文本描述、进行多次迭代和修正、与相关领域专家合作等方式，可以提高文本描述的准确性。

7.3　长视频连贯性

长视频连贯性主要涉及视频剪辑和拼接的技巧。对于长视频而言，保持连贯性至关重要，因为这会直接影响观众对视频内容的理解和感受。

① 内容构思的连贯性

故事线清晰： 确保视频从开头到结尾有一个明确且连贯的故事线，使观众能轻松理解内容。

情节发展合理： 故事情节的发展应符合逻辑，避免不合情理的安排，如鱼在天空飞过或小鸟在水中游。

角色塑造一致： 视频中的角色性格、行为和表情应保持一致，避免出现前后矛盾的情况。

② 拍摄技巧的连贯性

镜头切换自然： 在拍摄过程中，要注意镜头的自然切换和过渡，确保画面流畅，避免不符合逻辑的切换。

角度和光线一致： 保持拍摄角度和光线的一致性，这有助于增强视频的连贯性。

场景布置合理： 场景的布置应与故事情节相匹配，避免不符合逻辑或过于突兀的场景设置，如人在北极穿短袖。

③ **后期制作的连贯性**

剪辑流畅： 在剪辑过程中，要注意保持画面的连贯性，确保视频在不同镜头之间平滑自然地过渡。

音乐协调： 背景音乐和音效应与情节发展一致，这能增强视频的连贯性。

色彩和色调统一： 视频整体的色调应保持一致，避免出现明显的色差。

避免镜头切换过快： 后期制作中要避免过快的镜头切换，以免使观众感到不适。

④ **节奏把控**

节奏稳定： 视频的节奏应保持稳定，避免节奏过快或过慢，以确保观众的观看体验。

节奏配合： 设置适当的高潮和平缓情节，使观众在观看过程中保持紧张感和兴趣。

综合上述几点，长视频的连贯性涉及内容构思、拍摄技巧、后期制作、节奏把控等多个方面。只有在这些方面都做到位，才能确保视频的整体连贯性，从而吸引观众的注意力。

Sora 在生成长视频时，涉及的连贯性问题主要包括模型对文本指令的理解和转换能力，以及场景、动作和情节的衔接。下面这些因素可能导致 Sora 在生成长视频时出现连贯性问题。

首先，文本指令的准确性会影响视频的连贯性。如果文本描述过于模糊或存在歧义，Sora 可能无法准确理解用户的意图，导致生成的视频在内容或逻辑上不连贯。因此，用户需要确保提供的文本指令具有明确的描述性，从而确保 Sora 能生成连贯的故事情节。

其次，Sora 在生成长视频时可能会涉及场景切换、动作衔接、情节发展等内容。为了确保视频的连贯性，Sora 需要具备良好的场景理解能力，能根据文本描述构建出连贯的场景转换。

最后，视频片段之间的衔接流畅度是影响视频连贯性的重要因素。如果不同片段之间的切换过于生硬或者不符合逻辑，则视频的观看体验就会降低。因此，Sora 需要在生成视频时考虑片段之间的逻辑关系，确保这些片段能自然、平滑地连接起来。

为了解决 Sora 在生成长视频时可能出现的连贯性问题，可以尝试以下方法。

① 细化文本描述

对场景、角色、动作、故事情节等细节进行更具体的描述，以便模型能准确地理解用户的意图，并生成连贯的视频内容。

② **设置关键词和约束条件**

设置与视频内容相关的关键词，或者设置特定的色彩搭配、场景切换方式等约束条件，可以引导 Sora 生成更符合预期的视频内容。

③ **迭代优化**

在生成视频内容后，对视频进行评估和调整。根据 Sora 生成的视频不断优化词语，通过多次迭代获得满意的视频。

随着技术的不断进步，Sora 也在不断优化和改进。我们有理由相信，未来模型可以在理解文本指令和生成连贯视频方面取得更好的表现，为各行各业提供生成视频服务。下面举一个例子。Sora 生成了一个无人机在空中拍摄村庄的视频，村庄的远景和近景分别如图 7-3 和图 7-4 所示。如果 Sora 能拍摄空中的长视频，则可以解决拍摄视频时设备昂贵、周期长、拍摄设备要求高、拍摄视频不连贯等问题。

图 7-3 村庄的远景

图 7-4　村庄的近景

7.4　算力挑战

Sora 对算力提出了更高的要求，算力决定了 Sora 的发展。目前，算力还是有限的，算力短缺已经成为发展人工智能不可忽视的因素之一。

7.4.1 什么是 GPU 算力

GPU（Graphics Processing Unit）是一种专门用于图像和图形相关运算工作的微型处理器，通过并行处理的方式，可以同时处理多个任务，在视频编解码、深度学习、科学计算等多种场景中提供快速、稳定、弹性的计算服务。GPU 芯片常用于制作显卡。GPU 芯片如图 7-5 所示。

图 7-5　GPU 芯片

GPU 算力是指图形处理器的计算能力。GPU 算力的衡量指标包括显存大小、CUDA 数量、计算主频等。GPU 的并行计算能力可以加速深度神经网络模型的训练和推理过程，是人工智能和深度学习领域中的重要工具。

除此之外，GPU 算力在科学计算、加密货币、影音编辑渲染、大数据处理等领域也有广泛应用。

7.4.2 三大 GPU 品牌生产商

全球三大 GPU 品牌生产商为 NVIDIA、AMD、Intel。GPU 通常提供给显卡制造商使用。NVIDIA 生产的 GPU 通常称为 N 卡，AMD 生产的 GPU 通常称为 A 卡，Intel 用户通常称 I 卡。

NVIDIA 是最大的 GPU 生产商之一。N 卡示例图如图 7-6 所示。

图 7-6　N 卡示例图

AMD 生产的 AMD Radeon RX 7000 系列显卡包括 RX 7900 XTX、RX 7900 XT、RX 7800 XT、RX 7700 XT、RX 7600 XT、RX 7600 等。A 卡示例图如图 7-7 所示。AMD Radeon RX 7000 系列显卡采用 AMD RDNA 3 架构。

图 7-7　A 卡示例图

随着技术的不断发展，GPU 的算力不断提升，为各领域的计算需求提供了强大的支持。然而，我们需要关注算力与能效之间的平衡问题，以实现可持续发展。

7.4.3　Sora 与算力

Sora 目前需要企业购买商用显卡并搭建集群服务器才能运行。以英伟达 H100 80GB 的显卡为例，单张显卡价格约 24 万元，若要搭建包含 5 张显卡的集群，则需投入约 120 万元。更为棘手的是，此类显卡供不应求，一卡难求。因此，短期内普通用户可能无法享受 Sora 带来的便利。

正如计算机刚问世时，一台计算机的价格高达 5 万元左右，个人和企业都望而却步。然而，随着科技的进步，现在几千元便能购买到一台计算机。作为普通用户，我们可能需要等待一段时间，直到 Sora 不再需要如此高的算力，以及显卡价格下降时，Sora 才会普及。

7.5　能源挑战

AI 的能源挑战主要源自庞大的计算需求。随着 AI 的不断发展，模型规模和数量都在高速增长，导致对能源的需求也在快速增加。特别是在大规模智能化时代，AI 的用电需求将进一步激增。

目前，算力与需求方之间的关系呈现出供需动态平衡的状态。当算力供应过剩时，需求方可能会减少，反之，当算力供应不足时，需求方可能会增多。虽然目前算力已经具备可供使用的条件，但电力供应却未能跟上，导致算力无法充分发挥其效能。因此，如何平衡算力与电力供应之间的关系，确保两者能协调发展，是当前需要解决的重要问题。

具体来说，大模型消耗的电力相当多，这种电力消耗增加了运营成本，对电力电缆造成压力，尤其是在电力供应紧张的地区，电力电缆的压力更大。

显卡与算力之间有着密切的关联。显卡有强大的并行计算能力，在 AI 领域中扮演着重要的角色。这种并行计算能力使显卡在处理大规模数据集和复杂算法时具有显著优势。

首先,显卡的核心组成部分是图形处理器(GPU)。GPU 具有大量的处理单元,可以同时处理多个任务,这使 GPU 在执行 AI 任务时能比传统的中央处理器(CPU)更高效。因此,许多 AI 算法和框架都支持 CUDA 和 OpenCL 等技术,这些技术能充分利用 GPU 的并行计算能力,提高 AI 任务的处理速度。

其次,显卡的核心规格参数,如显存、CUDA 核心数量、核心频率、处理器数量和计算单元等也会影响 AI 算法的性能。更大的显存可以提供更快的读取和写入速度,从而提高处理速度,更高的核心频率和更多处理器数量可以提供更好的性能。除此之外,显卡的性能可能会受到算法和软件优化的影响。

需要注意的是,真正用于 AI 算力支持的并不是普通的显卡,而是 GPU。GPU 被设计为处理非特定需求的计算任务。应对庞大但逻辑简单的算力需求,GPU 具有更高的支持能力。商用的 NVIDIA H100 示例图如图 7-8 所示。

图 7-8　商用的 NVIDIA H100 示例图

因为专业的 AI 显卡非常昂贵，所以一些用户选择使用 10 张普通的显卡集成为一张显卡使用。集成后的显卡虽然没有专业的 AI 显卡速度快，但是也能达到一定的效果。

随着 AI 技术的快速发展，显卡的能耗也在不断增加。因此，在追求算力的同时，也需要关注如何降低显卡的能耗，以实现可持续发展。未来，希望实现 AI 与电力系统的协同发展，为人类社会带来更大的便利。

如何解决 AI 带来的能源挑战?

① **发展绿色能源**：可以考虑使用可再生能源，如太阳能发电或风能发电，为 AI 算力企业提供电力。这样可以降低对传统能源的依赖，减少对环境的影响。同时，政府和企业可以合作推动能源结构的转型，鼓励更多绿色能源的开发和应用。

② **优化算法和模型**：通过不断研究和优化人工智能算法，采用更加高效的算法模型、深度学习网络结构和训练方法，可以在一定程度上减少计算量，从而降低能源消耗。这种优化可以使 AI 模型需要的电力更少。

③ **提高硬件能效**：在硬件方面，发展更高效、更节能的 AI 芯片和计算设备是关键。例如，一些新型的 GPU 芯片通过改进电路结构和散热系统，可以有效降低运行功耗。

④ **能源管理系统**：通过能源管理系统，可以监控和调整计算资源的使用，根据实际负载情况动态调整供电和散热系统，从而提高整体的能源利用效率。例如，普通企业在白天用电，造成了电力负荷的紧张。为了解决这一问题，可以实施智能错峰用电策略，普通企业维持白天正常用电，AI 算力企业调整为晚 6 点至次日早 8 点用电。这种安排可以有效分散用电高峰，提高电力供应的稳定性。

总之，要有效解决 AI 算力企业的用电量问题，需要从技术创新、政策调控及市场机制等多个维度综合施策，共同促进 AI 算力企业的稳健与可持续发展。

第八章
伦理、法律与社会影响

8.1　版权与创作权

　　AI 作品的版权归属是一个复杂的问题，不同国家和地区的法律法规对此问题的解释和实践也存在显著差异。下面通过一个例子，探讨 AI 作品的版权。

　　如果用户想生成 AI 图片，则需使用 AI 开发者的软件。在用户购买并合法拥有该软件版权的情况下，用户生成的 AI 图片的版权应归属于用户。若用户未购买 AI 开发者的软件版权，则生成的 AI 图片版权应归 AI 软件所属的企业所有。

对于用户 A 使用用户 B 的图片生成 AI 图片的情况，人们存在不同的观点。一些人认为，既然用户 A 使用了用户 B 的原图作为基础，那么原图和 AI 图片的版权均应归属于用户 B。另一些人认为，原图的版权确实属于用户 B，但生成的 AI 图片版权应归属于 AI 软件所属的企业所有。

AI 在人类智力的劳动参与下生成具有独创性的内容，如果这些独创性内容是著作权法所保护的作品，则这些独创性内容的版权应该归使用 AI 生成内容的用户所有。别的用户在后续使用 AI 生成的作品时，可能构成侵权。

如果某人受企业委托使用 AI 创作作品，付出实质性的思想投入，并收取了企业的劳务报酬，则作品的版权归属于企业，或企业与此人共同享有作品版权，这种情况建议提前约定版权的归属问题。

不同国家和地区的法律法规对 AI 生成的作品版权可能存在差异。因此，在实际操作过程中，需要详细了解并遵守所在国家的法律规定。目前，对 AI 生成的图片和视频的版权与创作权尚未有明确、统一的规定。用户应谨慎使用这些图片和视频，尤其在商业领域使用时，应尤为谨慎。

8.2 隐私与数据安全

AI 在隐私与数据安全方面确实存在一些挑战，这主要源于 Sora 在数据收集、训练、处理时有潜在的风险。

首先，Sora 的训练依赖于大量的数据集，这些数据可能包含敏感信息，如肖像、声音、手势、指纹等。如果这些信息没有得到妥善处理和保护，则可能导致隐私泄漏的风险。因此，在数据收集阶段，需要确保数据的合法性和合规性，遵循相关的政策和法规。

其次，在视频生成过程中，虽然 Sora 主要根据用户提供的文字生成内容，但可能还要参考其他数据，以完善生成的视频。这些数据可能包括公开可用的图像、视频片段等。如果这些数据本身存在隐私或版权问题，生成的视频也可能有相应的风险。因此，在使用这些参考数据时，需要确保它们的合法性和安全性，避免侵犯他人的隐私。

此外，在生成的视频内容中，可能包含家庭住址、姓名、手机号码、身份证号码、银行账号、密码、联系方式等敏感信息，这些信息可能被 AI 捕捉并在视频中展示出来。因此，用户在使用视频生成服务时，需特别注意保护个人隐私。

为加强隐私与数据安全，Sora 可采取以下措施。

① **加强数据保护**：对收集的数据进行加密，确保安全存储和传输数据；建立严格的数据访问权限控制，防止他人访问未授权数据或数据泄露。

② **明确告知并获取同意**：在收集和使用用户数据前，须明确告知用户数据的收集目的、范围和方式，并获取用户的同意。

③ **建立隐私保护机制**：在视频生成过程中，可采用差分隐私等技术保护用户隐私，对视频内容进行匿名化处理或添加水印，防止隐私泄露。

④ **加强模型训练**：对收集的人像数据，Sora 应进行足够程度的修改，确保生成的人像与原像有较大差异，以减少肖像侵权风险。

综合上述四点，Sora 在隐私与数据安全方面需要采取一系列措施来确保用户隐私不被泄露。随着技术的不断发展和完善，我们相信 Sora 未来将解决这些问题，并生成更加完美的视频。我们可以在 Sora 的官方网站上查阅相关内容。在 Sora 投入使用之前，OpenAI 已经采取了一系列重要的安全措施。OpenAI 正与红队成员紧密合作，其中的一些红队成员是错误信息、仇恨内容、偏见信息等领域的专家，负责对 Sora 进行对抗性测试。通过这一举措，Sora 已训练至不含有错误信息、仇恨内容及偏见信息，从而确保 Sora 生成的视频安全合规。

此外，OpenAI 正全力打造一系列先进工具，旨在精准识别并防范误导性内容。其中，一款高效的检测分类器已能准确判断视频是否由 Sora 生成，从而为内容的真实性提供有力保障。未来，OpenAI 计划将 C2PA 元数据融入技术体系，确保 Sora 在 OpenAI 产品中的部署更加稳健可靠。

在推动新技术研发的同时，OpenAI 也注重利用现有的安全机制，为 DALL·E 3 和 Sora 等应用提供全方位的安全保障，增强文本生成文本、文本生成图片以及文本生成视频等功能的安全性。

在实际应用中，Sora 的文本分类器发挥着重要作用，会对用户输入的文本进行严格审查，一旦发现暴力信息、色情信息、名人肖像或侵犯他人知识产权等情况，将立即予以拒绝。此外，OpenAI 还开发了强大的图像分类器，对 Sora 生成的每个视频进行逐帧检查，确保内容符合相关政策后，再呈现给用户。

8.3 社会接受度与道德

自 Sora 推出以来，引发了社会的广泛关注和讨论。公众对 Sora 表现出浓厚的兴趣，认为它将为娱乐、教育、广告等领域带来革命性变革。然而，部分人群也表达了 Sora 可能带来不良影响的担忧，一些人担心现有职业被取代，认为自己需要学习新技术。

社会接受度

社会接受度的关键在于公众对技术的认知和理解。随着 Sora 的普及，人们将更加清晰地认识到 Sora 的潜力与价值，以及伴随的风险和挑战。目前，用户主要使用 Sora 生成视频进行娱乐，但随着技术的完善，Sora 将为各行各业带来便利，减轻人们的工作负担。

道德问题

道德问题是 Sora 不可忽视的重要问题，涉及数据隐私、版权、信息安全等问题。例如，在视频的生成过程中，Sora 可能需要学习大量的个人数据，保护这些数据不被滥用或泄露十分重要。同时，生成的视频可能涉及版权问题，如何在尊重原创作者和知识产权的前提下使用技术，是需要深入探讨的道德问题。

此外，如果 Sora 在短时间内生成了大量人物肖像，而这些人物肖像与后来出生的婴儿长得一模一样，这将引发关于原创性和版权的复杂问题，需要法律和道德规范进行明确约定。

为应对这些道德问题，必须制定相应的法律法规。企业和机构应加强自律和监管，确保技术的研发和应用遵循道德和法律标准。

第九章
Sora 的未来发展方向

9.1　技术创新的驱动力

Sora 作为文本生成视频的大模型，其技术进步和创新体现在以下四个方面。

分辨率进步

随着技术的发展，我们见证了 ChatGPT 从 1.0 到 4.0 的演变。同样，

Sora 也有望经历类似的发展过程。每个版本的升级都伴随着技术的进步和创新。例如，Sora 生成的视频分辨率可能会从 720P 提升至 1080P、2K、4K，甚至 8K 的高清分辨率。

情感表达的进步

目前，Sora 生成的视频在情感表达上尚显不足，缺乏人类丰富的情感。为了实现更真实的物理交互效果，Sora 需要在视频中加入复杂的表情和情感表达。当 Sora 生成的视频能在视觉质量和情感上接近甚至超越人类作品时，其情感表达技术便达到了一个新的高度。

跨界合作的进步

Sora 可能会结合人工智能及其他领域知识，如深度学习和机器学习，以提高视频的质量和效率。通过先进的神经网络架构和算法，Sora 能更准确地理解文本描述，并能生成更符合用户描述的视频内容。

算力的进步

在视频生成过程中，Sora 的计算效率可能会得到显著提升。随着硬件技术的进步，Sora 可以利用更强大的 GPU 进行计算，从而提高视频生成的速度和质量。同时，算法的优化、模型结构的调整、训练模型的改进可以有效减少计算资源的消耗。

随着技术的进步，Sora 的应用场景将更加广泛，可以被用于电影、电视剧、广告、MV 等创意产业的视频制作，还有潜力进入直播带货领域，实现 24 小时不间断直播带货。

此外，Sora 还可以应用于医疗领域，如将药物配方和功效存入数据库，生成药物配方的视频。医药企业可以利用 Sora 生成的视频进行制药和测试，为治疗疾病提供新的可能性。

9.2 跨领域合作与产业融合

9.2.1 直播带货

直播带货作为一种新兴的电商模式，为消费者提供了一种全新的购物体验。直播带货不仅帮助消费者提升消费体验，还为产品打开了新的销售渠道。用户在观看短视频或直播时，可以快速了解产品信息并做出购买决策。

Sora 在直播带货领域有很大潜力，主要表现在以下方面。

① **生成虚拟主播**

Sora 能生成逼真的虚拟主播,这些虚拟主播不仅在外观上与真人相似,还能与观众进行语音交互。企业可以利用虚拟主播实现全天候不间断带货直播,从而提高带货效率,扩大带货范围。此外,虚拟主播可以根据每天的主题更换背景和服装,为用户带来新鲜感。

② **按消费者的喜好定制直播内容**

Sora 能根据消费者的观看习惯和偏好智能推荐商品和服务。通过对消费者的购物历史和行为数据进行分析,Sora 可以生成与消费者兴趣相匹配的直播内容,提升消费者的参与度和购买意愿。

③ **虚拟主播与 ChatGPT 相结合**

Sora 生成的虚拟主播能与消费者进行实时互动,并可以运用 ChatGPT 回复消费者的提问,提供个性化的服务,从而提升直播间的人气。

通过 Sora 生成的虚拟主播、场景、服装、特效和动画效果,以及 ChatGPT 的实时沟通功能,直播带货可以打造出独特的直播氛围和视觉体验。这种创新形式有望吸引更多追求新奇体验的年轻消费者,为电商行业带来颠覆性的变革。虚拟主播能提升品牌的影响力和市场竞争力,同时为企业节省人力成本。

9.2.2　儿童教育

儿童教育对儿童的快速学习和记忆力提升至关重要，Sora可以定制适合儿童学习的视频，从而激发他们的学习兴趣。Sora作为一种文本生成视频工具，在儿童教育领域可以有很好的应用。

人物形象设计

在儿童教育领域中，Sora生成的人物形象应具有亲和力，人物形象应面带笑容，声音温柔，便于儿童接受教育内容。

提升阅读兴趣

Sora能生成儿歌和儿童故事，以提升儿童的阅读兴趣。

锻炼观察力

Sora可以生成两幅相似的图片并要求儿童找出差异，从而锻炼儿童的观察力。

激发创意潜力

Sora 可以生成简单的画画教程，引导儿童绘制基本的图形，如花朵、太阳、月亮，并鼓励他们自由发挥，激发创意。

培养自主学习能力

Sora 可以生成展示儿童日常生活技能的视频，如刷牙、洗脸、穿衣等，以培养儿童的自主学习能力。

Sora 在儿童教育领域有巨大的潜力和广阔的应用前景。Sora 的技术优势与儿童教育多元化、互动性、创新性的需求相结合，有望为儿童教育带来革命性改变。Sora 有望为儿童教育提供创新的教学方法和工具，帮助教育者开发出更符合儿童认知特点和学习习惯的教学模式。

9.3 Sora 未来发展战略规划

Sora 已经在多个领域和行业展现了潜力。未来，Sora 有如下发展战略规划。

技术优化与性能提升

Sora 将不断优化底层算法，以提高视频的分辨率、流畅度和逼真度，满足市场对高质量视频的需求。通过减少 Sora 的计算资源消耗、加快 Sora 的视频生成速度，将有望扩展 Sora 应用范围。

完善功能与整合资源

在影视剧方面，Sora 可以通过文字和图片生成相应的视频，节省剧组后期制作的时间和成本。

内容创新与多样化

Sora 将致力于创建丰富的视频类型和风格。通过引入更多数据源和创意素材，Sora 将提供更多样化和个性化的服务。

跨平台与多设备兼容

Sora 将加强跨平台兼容性，以适应不同操作系统的需求，包括 Windows、Linux、iOS 和 Android 系统。同时，Sora 也将支持不同厂商的显卡，如 Intel、NVIDIA 和 AMD，确保 Sora 生成的视频在各种设备上都能提供一致的用户体验。

智能交互与用户体验

Sora 将增强与用户之间的交互，通过语音识别技术实现更便捷的用户交互，并根据用户指令生成视频。此外，Sora 将优化用户界面，并简化操作流程，以提升用户体验。

整合机器人

Sora 与机器人技术的整合可以开辟新的应用场景。例如，用户发出指令后，Sora 不仅能生成视频，还能让机器人学习视频中的指令并执行任务。这意味着 Sora 将在自动化和智能化领域发挥重要作用。

结束语

拥抱 Sora，视频生成革命

随着科技的飞速发展，视频生成技术正在迅猛发展。Sora 作为视频生成革命的重要推动力，以卓越的技术和无限的创新潜力引领我们进入一个更丰富多彩、高效、便捷、智能化的视频创作时代。拥抱 Sora 意味着拥抱一个开放的视频创作生态。Sora 的开放性和可扩展性使创作者可以共同合作、分享、探索视频生成技术，共同推动视频创作领域的发展。

现今，短视频平台吸引了大量用户。只需提供一段文字，Sora 便能生成大量视频，并将这些视频快速发布到短视频平台。让我们共同拥抱 Sora，相信在 Sora 的引导下，我们将创造出更加震撼、精彩、高清的视频作品。让我们共同前行，开启这场充满无限可能的视频生成革命之旅吧！